重走办学路

——河南农业大学发展纪实

李成吾　马　菲　主编

张朝阳　王照兰　徐涤寒　陈　翔　副主编

中国农业出版社

北　京

图书在版编目（CIP）数据

重走办学路：河南农业大学发展纪实 / 李成吾，马菲主编. —北京：中国农业出版社，2022.6
ISBN 978-7-109-29565-0

Ⅰ.①重… Ⅱ.①李… ②马… Ⅲ.①河南农业大学—校史 Ⅳ.①S-40

中国版本图书馆 CIP 数据核字（2022）第 102837 号

中国农业出版社出版

地址：北京市朝阳区麦子店街 18 号楼
邮编：100125
责任编辑：赵　刚
责任校对：刘丽香
印刷：北京中兴印刷有限公司
版次：2022 年 6 月第 1 版
印次：2022 年 6 月北京第 1 次印刷
发行：新华书店北京发行所
开本：700mm×1000mm　1/16
印张：16.25
字数：246 千字
定价：68.00 元

鸣谢：

吴海峰　禹明增　王　娟　张心晨

余　果　史军伟　王　辉　王朝杰

李蓓蓓　冯　帅　王　玲　孙丽婷

王凤云　贾春锐　杜露阳

　　校史是一个学校的根与魂,是一个学校精神的归宿地,了解校史才能真正理解学校的精神。党的十九大报告中,习近平总书记指出:"不忘初心,方得始终。这个初心和使命是激励中国共产党人不断前进的根本动力。"了解学校历史也是激励一代代农大人不忘初心,接续奋斗的不竭动力。

　　2018年暑假,适逢深入学习贯彻党的十九大精神之际,为落实党的十九大精神,河南农业大学在暑假组织了"重走办学路"社会实践活动。通过举办这次活动让同学们切身感受农大办学的历史,更好地传承农大办学"初心"。为此,校团委组织了12个学院,8支团队,分赴河南农业大学曾经和现在共8个办学地实地走访、调查访谈。

　　了解历史首先要读懂历史,通过翻阅古籍让埋藏在古籍里的历史活起来。在社会实践期间,团队参观了河南农业大学校史馆、河南大学校史馆和国立河南大学抗战时期潭头办学纪念馆,走访了地方志办公室、档案馆、图书馆。在苏州档案馆,团队找到了1948—1949年的苏报、明报等当年的一些报刊,在河南档案馆查阅到了当年的郑州晚报、河南日报等珍贵的胶卷资料,翻阅了《苏州市志·教育志》《开封市志·教育志》《淅川县志》《镇平县志》等地方志。

　　校友是一个学校办学留下的宝贵财富,实践团队拜访了分布在各地的校友,进一步了解校史信息。在开封拜访了1991级校友程玉长,在郑州拜访了张书松和高海水,在苏州看望了1955级校友俞运未。校友的话语饱含激情,与团队同学共话青春,对在学校生活工作的岁月充满了留恋，对青年大学生寄予了厚望，他们身上体现了农大人甘于奉献、厚生丰民的品质与品格。

实践团队还实地考察了办学遗迹。在开封繁塔寺办学地，参观当年师生住过的宿舍、用于实验的标本林，以及图书馆。在潭头镇大王庙村参观河南大学农学院办学遗址，包括学生的教室、宿舍、食堂、种子库及仪器室等，以及在潭头办学时精心培育的河大梨。在镇平、苏州、宝鸡、淅川、许昌等地参观了当时办学留下的牌坊、教室等遗迹。在郑州的文化路校区和龙子湖校区，实地感受现在农大的欣欣向荣，百年学府的厚重底蕴。

学校领导对这次"重走办学路"活动十分重视，在这次活动准备、进行和总结期间，多次召开会议，讨论活动的进展情况，对活动的细节也是格外关心。社会实践期间，校党委副书记李成吾，时任副校长谭金芳亲赴八个办学地，与团队成员共走办学路，激励同学们继承和发扬前辈不畏艰苦、追求真理的精神，坚持在生活中拼搏进取，在学习中脚踏实地，做新时代的大学生。

这次暑期社会实践，建立了学校与八个办学地之间的联系，其中最大的收获是学校潭头办学期间种植的牡丹重新"回归"母校。在潭头办学期间学校建立了用科研教学的花卉蔬菜实验基地，在此工作的学校花工与喜欢养花的潭头农民任世俊结下深厚的感情，后来花工赠给任世俊一株牡丹和一颗黄月季，以表友情。1944年5月，日军制造"潭头惨案"，大量师生惨遭杀害，师生们精心培育的花卉也被摧毁，幸运的是，任世俊在自家院内栽种的这株牡丹得以幸存。1963年，任世俊的侄子任景岳搬来，照顾年迈的大伯，任世俊去世后，任景岳继续培育牡丹。当初学校花工赠送的那株牡丹经移栽分成了3株，其中两株于2015年移栽到河南大学，剩下一株于2018年11月30日移栽至河南农业大学龙子湖校区，赋名"农大红"。

为记录"重走办学路"暑期社会实践取得的丰硕成果，更好地传承河南农业大学办学历史，经学校研究，决定整理"重走办学路"暑期社会实践成果，将史实资料、访谈资料、图片资料、实物资料一并整理，编撰成书。

本书共分成五篇，十三章，每章大体按照办学历程、教学工作、科学研究、社会贡献、重走日记、调查访谈、启发感悟、建议分成八节。第一篇，开封篇（上），分成四章，撰写了河南大学堂时期、河南公立农业专门学校时期、中山大学农科时期、抗战流亡办学前的河南大学农学院时期在开封的办学历程；第二篇，流亡篇，分成了四章，撰写了1937年12月—1945年8月为躲避日寇侵占对学校教学影响，学校先后在镇平、潭头、淅川、宝鸡流亡办学的历史；第三篇，开封篇（下），分成两章，撰写了抗战胜利返回开封到搬迁至郑州办学前的历史，其中还包括1948年6月—1949年7月河南大学农学院受国民政府裹挟前往苏州办学的时期；第四篇，郑州篇（上），分成两章，分别为河南农学院在郑州办学前期，以及1971—1982年在许昌办学时期；第五篇，郑州篇（下），包括一章，撰写了1982年学院返回郑州办学至今的历史。

其中，第一、二、三、四、九章由牧医工程学院石玉节、植物保护学院付瑞强同学执笔；第五章由机电工程学院徐辉煌、褚洁执笔，第六章由信息与管理科学学院贾婉情，食品科学与技术学院陈心心执笔；第七章由园艺学院王竞娴执笔；第八章由理学院宋盼盼、周晶晶，体育学院张明瑞、刘欣执笔；第十章由国际教育学院张恩硕执笔；第十一章由烟草学院刘向阳、李湘、李潞、轩栋栋执笔；第十二章由应用科技学院张展垚执笔；第十三章由资源与环境学院徐耀楠执笔。

正如习近平总书记在庆祝中国共产主义青年团成立100周年大会上所说的"实现中国梦是一场历史接力赛"，传承学校校史，构筑"农大梦"也是一场接力赛。时值河南农业大学校庆120周年，在这个喜迎校庆的时间节点，更是对广大青年进行校史教育的契机，通过了解校史，使广大师生感受到历史上农大师生学习科研环境的艰苦，尤其是在抗战期间，既要躲避日寇的袭击还要进行学习。就是在这样艰苦的条件下，依然培养出了众多优秀的农学专家，为新中国农业发展做出了杰出贡献。

追忆历史，珍惜现在。相比历史上各个时期的办学环境，我们要珍惜现在的优越工作学习环境，我们生活在一个和平的、强大的新时代中国是多么幸福。要倍加珍惜当下宝贵的工作学习环境，以更加饱满的热情，更加刻苦的精神投入到教学科研学习中，不断提高能力和本领，传承好，发扬好农大办学初心，用昂扬斗志迎接人生中的挑战。

陈　翔

2022 年 5 月 18 日

目 录
CONTENTS

流 亡 篇

开封篇（下）

郑州篇（上）

郑州篇（下）

开封篇（上）

第一章　河南大学堂时期

（执笔：石玉节、付瑞强）

清廷于光绪二十七年（1901 年）九月十四日颁布《兴学诏》，要求"除京师已设大学堂应行切实整顿外，着各省所有书院于省城均改设大学堂，各府及直隶州均改设中学堂，各州县均改设小学堂，并多设蒙养学堂。"

在此背景下，河南在开封（当时的省会）筹建了河南大学堂。自此，河南大学堂成为河南近现代高等教育的开端。此后河南大学堂经过 80 多年的变迁与发展，于 1984 年改名为现在的河南农业大学。

2018 年 7 月，牧医工程学院和植物保护学院响应学校号召，共同合作组成"河南农业大学重走办学路社会实践团"。实践团奔赴开封，重游河南大学堂原址，找寻河南农业大学的办学初心。

第一节　办学历程

学校名称：河南大学堂、河南高等学堂、河南高等学校。

办学时间：1902—1912 年

校址：在省城开封西北原游击署衙门旧址上新建，初建时校舍规模不够一百间。

负责人：由时任河南巡抚锡良主持筹建，但大学堂内一切事宜，是由胡翔林主办。

办学原因：河南大学堂的创建是由清政府主导，其中河南巡抚锡良是最主要的策划者和筹建者。清朝时的学政是由朝廷委派到各省主管科举和教育、督察各地学官的官员，称为提督学政。由河南学政林开谟配合河南巡抚锡良督办河南大学堂，从林开谟以下的大学堂管理者和教职员大多是三品至七品的官员，足见当局对大学堂的重视程度。

第二节 教学工作

学生招生：河南大学堂首届生源质量是高下不等的，因为之前新学并不兴起，没有初等和中等教育作为高等教育的基础。虽然开办当年首届学生中就有数名佼佼者如王人杰等4人考取全国最高学府京师大学堂，或者如王绍曾赴京师参加科举殿试得中癸卯（1903年）恩正并科的进士。但这些人此前大多经过科举考试获得了举人或秀才等身份，而其他多数学生则迟至1906年之后才陆续由河南高等学堂预科毕业，进而升入正科，1911年前后才获得相当于举人身份的正科毕业资格。

系部设置：河南大学堂开办之初，开设中文、西文、算学三类主要课程。除中文以外，其他两类都是西式新学的体现。

教职工：河南大学堂开办之初，除由河南巡抚、学政督饬总领办学全局之外，教职员大多是候补官员。目前有据可考的1902年时的学堂教职员共20人左右（杂役工夫不计在内），职衔分工基本明晰，分列如下：

各 员 领 袖：锡　良（巡抚）　林开谟（督学）

总　　　办：延　祉（藩司）　胡翔林（候补道）　张　楷（候补道）

监　　　督：徐仁录（候补知县）

总 教 习：孙葆田（前刑部主事）

总 稽 查：寿　廷（候补知府）

文 案 处：姜麟书（候补知县）

收 支 委 员：吴廷模（候补知县）

藏书楼委员：陈锴光（通判）

提　　　调：何云蔚（候补知府）

英 文 教 习：温世珍　庄敬舆

法 文 教 习：庄　君

算 学 教 习：宗森宝　梁镜寰

中 文 助 教：金葆桢　萨起岩　程宗伊

第三节　社会贡献

地位：河南大学堂于 1902 年创建。作为河南第一所官办的新式高等学堂，河南大学堂可以称作是河南近现代高等教育的开端和源头。

影响：作为河南高等教育的开端，河南大学堂培养的首届学生不负众望、颇有成就，这样的成绩使省内有才气有抱负的青年看到了河南高等教育的曙光。

从河南大学堂、河南高等学堂、河南高等学校走出的许多优秀学子无法详尽列举，现将有据可考的分列如下：

王人杰（1881—1960 年）：又名王北方，河南孟津县人。12 岁考中秀才，17 岁中举。1902 年入河南大学堂，不久被选送至京师大学堂师范馆学习。1907 年前往日本，在东京参加同盟会。之后赴新加坡办报纸，半年后回国，联络革命同志，宣传革命思想，曾在开封邮局、天津海关、北京《警世钟日报》社、《国风日报》社工作。1911 年秋，返回孟津，秘密组织革命军，准备攻取洛阳未遂，被清政府悬赏缉拿，潜藏多日后赴江南参加革命组织。武昌起义之后在湖北省禁烟局任职，民国十七年任西康省视察团秘书长，国民党中央立法委员。20 世纪 30 年代之后任教于开封，数次支持学生参加民主爱国运动。

胡汝麟（1881—1941 年）：字石青，河南通许县人。著名教育家、实业家、社会活动家。1902 年考入河南大学堂，不久被选送至京师大学堂师范馆学习。京师大学堂肄业后返豫，任河南高等学堂教务长，兼河南省咨议局书记长。1912 年底当选为国会众议院议员。1913 年任梁启超为首的民主党河南支部常务干事，1917 年与王抟沙创办《新中州报》。后任北洋政府教育部次长，吴淞中国公学、华北大学等校校长。1934 年任河南通志馆编纂。1938 年经刘峙保举为国民参政员，继续从事教育工作，先后任河南大学、华北大学、东北大学教授。1941 年病逝于重庆。

秉志（1886—1965 年）：字农山，生于河南开封。我国近代生物学的主要奠基人，我国第一个生物学系和第一个生物学研究机构的创办人，中国动物学会的创始人。1902年考入河南大学堂,入学前已是秀才,1903年考中举人,1904年选送京师大学堂,1908年毕业,1909年考取第一届官费赴美留学生,进入康乃尔大学农学院,在著名昆虫学家J. G. 倪达姆(Needham)指导下学习和研究昆虫学。1913年获学士学位,1918年获哲学博士学位,是第一位获得美国博士学位的中国学者。1920年回国,1921年他在南京高等师范(次年改为东南大学,后改为中央大学)创建了我国第一个生物系。1922年在南京创办了我国第一个生物学研究机构——中国科学社生物研究所,1927年创办北平静生生物调查所,为开创和发展我国生物学事业做出了历史性贡献。

陶怀琳:河南公立农业专门学校第二任校长、河南省教育会长。

张鸿烈:河南留学欧美预备学校校长、中州大学校长、国立第五中山大学校长、河南省教育厅长。

李敬斋:河南留学欧美预备学校校长、河南大学校长、河南省教育厅长、国民党中央委员、国民政府行政院政务委员兼地政部部长。

王毅斋:河南省副省长、民盟河南省委员会主任委员。

王拱璧:早期中国同盟会会员、中华留日学生总会领袖、青年公学创始人、中国乡村建设和乡村教育的先行者。

程克:民国总统府咨议、内务总长、司法总长、天津市长。

程毅:早期中国同盟会会员、绍兴大通学堂学监、秋瑾助手、革命烈士。

时敏行:时经训先生之三子、早期中国同盟会会员、华北人民政府参议、中央文史研究馆馆员。

第四节 重走日记

7月2日 星期一 晴

河南农业大学植物保护学院团委老师甄珍带领"重走办学路,青春农大再出发"实践团队诚挚拜访河南农业大学校史馆馆长原国辉教授,而后又一同参观校史馆。原国辉教授向大家详细讲解了河南农业大学百年办学发展史,并对实践团队就实践前期准备及行程方面提出系统性建议,言语之间可以感受到原教授对实践团队寄予了很大期望。

参观校史馆

7月11日　星期三　多云转晴，闷热

团队来到开封高中考察。

从资料中了解到：河南高等学校（由河南大学堂演变）自停办后一分为二：一部分改办为"河南公立农业专门学校"，一部分成为开封高中。因此，开封高中和河南农业大学都发源于河南大学堂。带着这份找寻河南农业大学起源地的期待，我们来到了开封高中。

开封高中的校史归校党政办负责，于是我们找到了党政办的主任，向他了解开封高中的校史和开封高中与河南农业大学的渊源。他给了我们一本《开封高中校史》，里面介绍称开封高中发迹于1902年成立的河南大学堂，那时候的河南大学堂分为高等学堂和中等学堂，其中，中等学堂一脉延续下来为开封高中，高等学堂一脉延续下来发展为河南农业大学。

河南大学第一附属医院所处的地址是河南大学堂的原址。下午我们便前往河南大学第一附属医院继续探寻河南大学堂，希望能够在我校历史源头的这座建筑前进行一次庄严宣誓，唱响一次校歌。然而事实不尽如人意，我们环院一周却丝毫没有收获。于是我们前往医院办公室、院党委办公室询问，却被告知原建筑已经于20世纪80年代被毁，后改建医院用房，唯一可以确定原址的位置在现今河南大学第一附属医院3号楼那一片地方。无奈之余，我们也只能向3号楼走去。由于一附院3号楼现用作门诊及病房使用，我们便将歌唱校歌及宣誓活动改成了一分钟注目礼，以免打扰病人休息。最后在所有人的凝视中结束了我们对这片土地的慰问。

站在河南大学一附院 3 号楼前，按图索骥，想象河南大学堂昔日的校园，感受那时的学子既热衷于学习中国传统文化，又期待接受西方科技文明的意愿。

虽然我们没能真正见到我校最早的学府建筑，但仍觉得不枉此行，起码多了几个人知道，起码多了我们一行人知道，河南大学堂的遗址在河南大学一附院 3 号楼的那片土地上。现在这里上演着救死扶伤的动人故事，曾经也有过书声琅琅的向学热情。无论是现在或是过去，这里都在进行着伟大的事业，从教育到医疗，仿佛有某种使命般的传承，致力于"拯救国人"。即使有着些许不甘，我们还是伴着未完成的校歌和宣誓在河南大学第一附属医院门前合影。

虽然我们一行人对河南大学堂的拆迁深感遗憾，但也骄傲于这片土地一直都肩负着深重的使命：先是那个时代科教兴国，育人为己任；后是这个年华一蓑烟雨，救人扛在肩。这不正是"在其位谋其政，任其职尽其责"的真实写照吗？我们又何必纠结于建筑的毁坏与否？是啊，与建筑物品比起来，精神的血脉才是更为重要的。任他沧海桑田，初心不改。

团队成员在河南大学一附院门前合影

第五节　新的发现

河南大学学堂的位置：经查询史料并向前营门河南大学一附院党委负

责人求证，我校源头河南大学堂原址在河南大学一附院 3 号楼处。

河南大学堂旧照

河南大学堂原址具体位置

第六节 启发感悟

心路历程：对于办学道路的探寻，开始实践之前总是没有底气，没来由地觉得我们不能完善更多，毕竟由河南大学堂到河南农学院，到 1957 年学校搬迁至郑州，再到如今逐渐发展壮大起来的河南农业大学，少年子弟江湖老，红颜少女鬓边白，时局的动荡和历史的变革我们都无法揣测。但是开始之后就发现其趣味并不在于找寻到多少古物文书，而是一行人目标一致共同向前去追寻的姿态，也许古迹早已不再，但芳华永存人心。

实践方式：这一阶段我们采取的主要实践方式是实地调查和询问知情人士。这种调查方式比较有局限性并且变数不好把握，虽然我们这一行是比较顺利的。无论是去开封高中还是前往河南大学第一附属医院，都是有人可问、有迹可循，尽管兜兜转转却还是找到了河南农业大学发源地河南大学堂。但这种实践方式必须建立在足够了解课题背景、清晰自己要探寻的目标上，才能够相对的"顺风顺水"。就拿我们团队来说，提前查阅史料、拜访参观河南农业大学校史馆及河南大学校史馆甚至提前进行实践踩点，这些工作都是有重要意义的。

收获启发：

（1）任何事情都应当是实实在在有根有据的。马克思主义唯物史观告诉我们"人是历史的创造者"，那我们要去发掘历史，就应当用史书去还原历史。

（2）方向感是自己给的，一次实践抑或是一篇论文，都应当自己思量清楚，找准方向，列举出大纲体例来进行具体事宜的协商，事情可以有变化但不能没有自己的筋骨。

总结概述：这一阶段可以说是喜忧各半。喜是首战告捷，没有辜负我们一行人的热切期望，算是找到了河南大学堂的所在位置，也了解到了些许资料；忧是河南大学堂这种对于全省都具有一定意义的建筑尚且拆迁，那我校的原遗址还能够幸免吗？怀着忐忑的心情，我们进行了下一阶段的实践规划。也希望团队成员们能够各司其职，继续努力。

第七节　建　议

（1）确立了河南大学堂遗址的具体位置是河南大学第一附属医院3号楼，与其协商能否在医院设立一个小小的读书角，可由我校提供或推荐书籍供大家借阅，既打发了病患的闲暇时光，也充实安抚了陪护的身心。

（2）与开封高中校史馆联合整理材料，做出一个河南教育开端的相关展示，相信也会对河南农业大学的文化传承等产生积极的影响。

第二章 河南公立农业专门学校时期

（执笔：石玉节、付瑞强）

河南公立农业专门学校的成立是被教育界寄予很大期望的一件事。据文字记载：查专门学业农工商并重，而设学之初应就地方情形审择所宜。中国自古以农立国，而黄河领域农业发达尤早。……河南土宜人性最与农业相宜。……河南农业不求改良，无以植工商之基础，即难与世界列国相竞争。河南公立农业专门学校的成立可以说是我省迈出了科技兴农的第一步。当时办学条件极其简陋，学校农场除了被当作实验用地，更是学校维持生活的基础。然而就是在这样艰苦的条件下，我们农大人不怕苦不怕累，逐步培养出了吃苦耐劳、坚持不懈的精神。"明德自强，求是力行"的八字校训更是激励着我们坚定不移地走在争创一流农业大学的道路上。

第一节 办学历程

学校名称： 河南公立农业专门学校

办学时间： 1913年春—1927年6月

校址： 开封。《学府往事》中记载"设办公处于前营门。1914年中州公学停办后，即迁校于繁塔寺二程夫子祠"。

校长： 第一任校长吴肃任职到1917年。此后10年间相继担任校长的有陶怀林、马全彝、王直青、常志箴、万晋、郭须静、郭桂森等。

办学原因：

一是省情的需要。民国初建，作为邦本的农业，生产落后，民生凋敝，设立农业专门学校，培养农业专门人才，改进农林事业，增加地方收入，成为农民摆脱贫困的当务之急。恰逢著名教育家李时灿（字敏修）被任命为河南省教育总会会长、河南教育司长，协同提学使管理河南教育行政。李时灿思想进步，在河南教育界、政界都颇有影响。他积极响应民国第一任教育总长蔡元培颁布的改造封建教育的法令《普通教育暂行办法》，主张改革河南教育，大力兴办新型学校。在李时灿和河南省提学使陈善同、河南省巡按使田文烈、河南高等学校学堂督学时经训（字志畬）等人的倡导下，为振兴、发展河南农业教育，在省议会的支持下，经省长公署核准，特委派留学日本东京帝国大学林科的毕业生，著名农林科专家吴肃（字一鲁）负责筹办河南公立农业专门学校。在教育经费十分困难的情况下拨款 6 万元，筹建校舍，购置教学仪器和图书资料。

二是政府的意志。1912 年中华民国教育部公布学制系统，史称壬子学制。当年 10 月份公布的《大学令》第二十条规定："大学预科须附设于大学，不得独立。"由于清末各类高等学堂实际上都是大学预科性质，所以当这一学制系统公布后，全国各省份的同类高等学校纷纷停办或改办为专门学校。由河南高等学堂演变而来的河南高等学校也不能例外，这个河南开办最早、层次最高的学校同样面临若不改办就将停废的窘境。面对这一局面，时任河南高等学校校长时经训在学校受民国学制限制难以为继的关键时刻，作出了一个对于河南高等教育尤其是高等农业教育而言意义非常重大的选择：向河南提学司请示，拟就河南高等学校改办河南公立农业专门学校。

现存台湾"国史馆"的中华民国教育部专字第 895 号档案显示，时经训校长将河南高等学校改办为河南公立农业专门学校的提议，获得河南提学使陈善同和河南都督张镇芳的支持，由张镇芳以"陆军上将衔河南都督"的名义于 1912 年 11 月 3 日具文咨请中华民国教育部查照立案。11 月 15 日由民国教育总长范源濂、教育次长董鸿祎、司长林棨等共同签署公文，咨覆河南都督："高等学校改办公立农业专门学校并安置旧有各生办法，应准立案。"

第二节　教学工作

教学概况：据民国二年三月二十日《时事豫报》的《河南农业专门学校招考延期》记载：兹学（河南公立农业专门学校）开办伊始，先设农学、林学两科，于本科之前设置预科两班，每班定额八十名，今将招生各项开列如下：

（1）资格：中学毕业或与中学毕业有同等程度实验合格者年龄须在十七岁以上二十二岁以下。

（2）纳费：入学保证金三元报名时缴纳，试验未取者退还，取而不到校、肄业与中途因事斥除或无故退学者概不退还；学费每年十八元；书籍仪器费每年四元，讲义课本图画纸几何器试卷及各种试验品等由校中制备，余均由学生自给，操衣亦一律自备，惟须遵照本校所定式样。学费书籍费两种均于每年八月入校前缴清，惟第一次须于本年四月入校前缴纳，扣至民国三年七月底为一学年。因自本年四月至七月底为甄别期不收学费。

（3）地址：暂设河南高等学校西边俟城外落成后即行迁入。

（4）毕业：本科三年毕业。于本科之前各设置预科一年务期，及入本科程度为合格。若一年后程度不足得酌量延期。

（5）报名：延至本年阳历四月二十号截止，合格学生务各携带文凭及四寸相片来校报名。

（6）试验：俟报名截止后即行定期考试，其试验科目分五门：一国文，二英文或德文，三算学，四博物，五理化。

（7）宿舍：寄宿舍由本校指定，不得任意散住，一律不收宿舍费，惟宿舍内伙食、灯油、煤炭等物概由学生自备。

（8）甄别：本年暑假前甄别一次，不及格者退学，除保证金外余费一概退还。

据校长吴肃的《为呈请转咨立案事案查》：因敝校于民国元年，呈奉部准开办。二年奉前兼民政长训令、组织，于三月遵章招考农林预科各一班。五月十一号开学授课。校中经费系由河南地方税项下支领，故定名河南公立农业专门学校。当因部令规定：每年八月为学年之始，遂将八月以前作为甄别期，以符定章。六月严行甄别，录取留校学生各六十名。七月招添蚕业科，养蚕类预科一班。适值省垣戒严，奉令缓办。嗣于十一月继续招考，取录养蚕类预科学生六十名。此系特别情事，养蚕预科班不能以二年八月为学年之始，所有养蚕类预科班须以三年一月为学年始期之缘由，前已遵章呈请转咨在案。现计敝校农林蚕预科共三班，每班学生六十名，其资格按照部章，除中学毕业者仅试以外国文、国文外，余俱用国文、外国文、数学、博物、理化各科，以中等毕业程度命题，从严试验，取录各生；确与中学毕业有同等学力、与部定专门学校规程似尚吻合。

从以上两则资料可以看出，河南公立农业专门学校于 1912 年（民国元年）经教育部批准建立，1913 年 3 月开始招生，招收预科生农林各一班，每班 80 人，共 160 人。5 月 11 日报到，12 日开学典礼。按照教育部令，6 月进行甄别（考试），农林两科各录取 60 名学生。1913 年，招蚕科学生 60 名，1914 年 1 月入学。农、林、蚕预科共 3 班，每班学生 60 名。

系部设置：河南公立农业专门学校开办之初，设农、林两个专科专业，面向全省招收高中毕业生或大致相同学习能力的人。1914 年，增设蚕桑专业，1919 年春停办。农科内增开《养蚕学》课程。1924 年，农科招收两班新生，林科招 1 班，学制 3 年。

开设课程：包括作物学、园艺学、蚕桑学、土壤肥料学、林学概论及地质矿物学、动物学、植物学、病虫害、物理学、应用化学，此外还有英文、国文、党义、数学、体育等多门课程。

教职工：李时灿以教育司长的身份亲自选聘教师，所聘多为赴美、法、德、日留学归来的农林、园艺方面的留学生，以及国内科技界、教育界著名专家、教授。

先后聘请的教员有：黄人俊，留学日本，讲授作物学；郭须静（字厚庵），留学法国巴黎凡尔赛园艺专门学校，是著名的园艺家，讲授园艺学；钱养浩（字仲南），日本东京帝国大学农科毕业，讲授畜产肥料、气象地质；万晋（字康民），留学美国耶鲁大学，讲授林业概论；郝象吾（字坤巽），留学美国加州大学，讲授遗传学；俞端甫，讲授地质矿物学；李天平，讲授动物学；陆星桥，讲授植物学；周少牧，讲授蚕桑学；杜嘉瑜（字碧澄），留学日本东京帝国大学林科，讲授造林气象、森林动植物测量、森林工学、林学通论，兼林科主任；马显扬（字绍先），日本东京帝国大学农科毕业，讲授作物土壤农学、农业经济；宋孝雄（字邵），日本东京帝国大学农科毕业，讲授园艺、植物病理、农产制造；魏丹铭（字宗泰），讲授养蚕学、缫丝学；黄作孚（字础青），天津直隶工业专门学校毕业，讲授应用化学；张子岱、孙慕刚，讲授英文课；邓正英，讲授党义课；李静禅，讲授国文课；李贯渠，讲授数学课；郑廉浦，美国麻省大学文科毕业，讲授英文；赵耕莘（字理田），讲授代数、几何、三角；祝少莘（字廷菜），北京大学农艺化学科毕业，讲授农艺化学；郝子敬（字丹铭），讲授课外运动；叶尔德女士，美国伯克利大学文科毕业，讲授英语。农场场长由黄作楫（字伯伊，黄作孚之弟，保定北洋农专毕业）兼任。

1922 年之前，王幼侨曾任学校教务长，后任河南教育厅厅长。

1924 年常勤铭任校长时期，教职员为：教务长许道纯，学监叶本厚，庶务长杨培芳，会计主任兼编辑张维寅，文牍王慧明，事务员籍树熏、张继祖，编辑主任张沾，编辑员耿型曾，图书、仪器管理员于荫昌，中医申庆显，西医赵中立，农场主任郭晓鸿、王宗泗，农场助理员苗先俊，书记袁广仁、刘伯川。

1924 年新增教员有：王直青、贾瑞生、王陵南。

试验场地：农事试验场、林场、园艺场、畜牧场、农业产品制造厂。农事试验场作为各类作物的试验场所，除供教学研究实习外，还用来培养和繁殖优良品种，向全省农民推广；林场（含部分果树林）供林科教学实习培育、繁殖幼苗。全校师生，每年清明节利用林场幼树到繁塔附近及黄河大堤植树造林，使大堤形成了保护林带；园艺场种植果树、蔬菜、花卉供教学实习。畜牧场养殖有牛、羊、猪、鸡、蜂等，建有孵化室、蜂房等。农产品制造厂经营罐头加工和酿酒。

第三节　科学研究

河南公立农业专门学校历经 14 个春秋，毕业学生达 397 人。他们大都在农、林、蚕桑试验机构从事科研和生产，或在农林专业学校任教，对河南农林牧副业的发展起到了重要的作用。其中，在科学研究和农业科技推广、普及方面取得的成就令人瞩目。

1. 香蕉苹果和玫瑰香葡萄的引进、推广

河南公立农业专门学校校长郭须静，在法国凡尔赛留学 5 年，专门攻读园艺，尤其精通果树栽培，善于剪枝嫁接。在凡尔赛时，其除读书外大部分时间都置身于果树苗圃中，并于 1924 年回国时，把法国名产香蕉苹果和玫瑰香葡萄接穗插条带到了学校农场。他不但精心地把这些果树接穗、插条培育成活，使之适应本地水土，还把技术传授给他的 3 个学生：杨和五、马天衡、秦荫召，他们后来都成了园艺专家。郭须静又把这些果树移栽到上海吴淞劳动大学农学院，后又繁殖到南京中央大学农学院园艺场，最后，更在神农教民稼穑的武功县张家岗由他筹办的西北农专迅速繁殖起来。当时汴、郑、沪、宁、陕、甘、汉等地市面所销的香蕉苹果和玫瑰香葡萄，都是郭须静引进或推广的。

2. 小麦良种的培育

河南小麦产量居全国第一位，且栽培较早，但以往只做些播种期、播种量、播种方法的比较和试验，真正的小麦育种培育，是开始于河南公立农业专门学校建立之后。

1924年南京金陵大学在开封济汴中学创设农场，与河南公立农业专门学校农场合作进行小麦育种试验。开始时，每到播种期，便由金陵大学农林科科长芮思娄派其美国基督教朋友来开封主持，农场技术员协助。

1926年以后，改由小麦专家沈宗瀚教授指导穗行试验、秆行试验和良种培育工作。经过六七年的努力，终于培育出124号小麦新品种，成为开封地区的高产品种。

3. 棉花良种的培育和推广

河南公立农业专门学校学生张幼鸣（河南新郑人），毕业后专攻棉花，把一生都投入到植棉工作上。他先后受教于中国留美四大植棉专家孙玉书、冯泽芳、王直青、过探先，从事棉花推广工作，主持了中央棉产改进处与河南省合办的开封棉场，并出任河南棉产改进所所长。在胡竟良先生指导下，他培育、繁殖了大使棉，后又培育了岱字棉，并将其普及到河南全省。他几十年如一日，从未离开过棉田。河南解放后，他又负责主持河南棉改工作，成为著名的植棉专家。

4. 西红柿的推广和种植

河南培植西红柿已有五六十年的历史。西红柿俗称番茄，是西洋传教士传播来的。在清末、民国时候，一般人称它为洋柿子，只种在花园作为点缀观赏，除外国人都不食用。1920年以前，只有西餐馆用以招待外宾，普通菜园都不种植。郭须静既精于西红柿的整枝打杈，又善于烹食。自法国回来后，把种植、烹饪技术传授给了农场职工，后由农场花工杨作霖教会了农场林工张义和，并经张义和引种到开封南关新杨庄村，然后传播到郑州、洛阳、新乡等地菜园，逐渐普及全省，使番茄成了河南夏季畅销的蔬菜。在这一方面，郭须静校长和农场林工张义和功不可没。

5. 大白烫紫茄子的进一步培育和推广种植

20世纪20年代，开封茄类只有小紫茄子和小青茄。后来市场销售的大白烫紫茄子，是1924年河南公立农业专门学校农场工人耿玉才，引进杞县堂寨耿玉唐家经过几十年培育出来的茄种，并作进一步培育而成的。这种茄子个儿特别大，形如小西瓜，每个轻者一斤①多，重则二三斤，做起菜来味道好，肉多籽少。耿玉才把茄籽交给农场工人姜文，经姜文精心培育了5年，成了开封的名产。初种那年，到农场参观的人特别多。成熟后，姜文把一担20多个茄子送到街上，惹得人人驻足观赏，以至无法做生意，只好在开封城内展览，任人参观。后经姜文进一步培育和繁殖，逐渐推广开来。

第四节　社会贡献

培养学生：毕业学生达397人，大都在农、林、蚕桑试验机构从事科研和生产，或在农林专业学校任教，对河南农林牧副业的发展起到了重要的作用。

成果：

（1）培育出开封124号小麦新品种；

（2）成功剪枝嫁接法国名产香蕉苹果和玫瑰香葡萄；

（3）棉花良种的培育和推广；

（4）西红柿的推广和种植；

（5）大白烫紫茄子的进一步培育和推广种植。

第五节　重走日记

7月10日　星期二　多云转小雨

团委老师陈翔带领团队辗转多地，上午到达开封地方志办公室和档案馆查阅资料；下午到开封图书馆古籍存放处查阅资料。功夫不负有心人，团队成员在对所有得到的电子版、纸质版材料进行梳理汇总后，发现了一些颇有用处的线索。

---

① 斤为非法定计量单位，1斤＝500克，下同。

　　我们在开封档案馆找到了馆藏的民国二年（1913 年）三月二十日的《时事豫报》，里面有一篇《河南农业专门学校招考延期》，其中有一段文字这样写着："兹学（河南公立农业专门学校）开办伊始，先设农学、林学两科，于本科之前设置预科两班，每班定额八十名。"这就是河南农业大学学科的起源。开封图书馆有本藏书——《学府往事》，它的作者徐正斋在书中写道："为便于耕作试验，将小崔庄较远不易经营的地段，由校

团委老师陈翔在开封市地方志办公室与工作人员沟通

团队成员档案馆中查找档案

招标出卖，以收入价款购入农场本部靠南地块，又将繁塔以北大操场辟作棉田，仍够原来亩数。"通过这次土地的调整，河南大学农学院土地的质量提高了，更加适合老师、学生的教学和科研工作。而通过招标出卖原有土地和收入价购入新土地，以高卖低买的形式转换土地的方式，也体现出当时河南大学农学院的威望。

团队在开封市古籍存放处查阅古籍

7月12日　星期四　晴　大风

在禹王台公园参观中，团队成员在禹王台公园古吹台上发现了几块石碑，这几块石碑都与当年河南农业专门学校办学有关。禹王台公园副主任马强在给我们介绍禹王台与河南农业大学的历史中提到，古吹台上有几块石碑据说与河南农学院有关。由于时间问题，他没有带着我们去亲自参观，对此，团队成员都深表遗憾。

寻找这几块石碑的过程可以说并不轻松。在古吹台上，我们经一位道士的指点，在禹王庙的西侧找到了两块石碑，上面分别写着"泽溥山林"和"树木树人"，发展林业的树木与教书育人的树人相结合的教育理念，很快就与当时的河南农大教育事业相契合。据说还有一块石碑，与当年时任河南建设厅厅长的张钫为河南农业专门学校开拓土地有关。因为整个古吹台上石碑众多，包括历代名人墨客的题字，最有名的就是禹王庙后的乾隆皇帝题写的石碑，这就给我们搜寻带来了困难。

禹王台公园办公室主任马强带领我们找寻古迹

功夫不负有心人，在禹王庙内，我们发现了这块名为《森林局拓地记》的石碑。这块石碑立于民国五年（1916年），上面记载了河南农业专门学校自民国三年（1914年）春开始在河南政府的协助下把周边的土地通过赎买的方式交给河南农业专门学校作为实验用地的过程，为河南农业大学的发展历史提供了证据和史料。

第六节　调查访谈

马强：这里就是古吹台的正门，还留有一张农学院教师的照片，但是古吹台应当是被洪水淹了之后埋下去了一部分，原来是八米吹台，现只剩下了三米。里面前厅有康有为留下的十块碑文，再往里有两块和咱们河南农业大学有关的碑，一块是《森林局拓地记》，碑上记载了当年扩地征收的事情；一块是"树木树人""泽溥山林"的警示碑。

陈翔：学生上课地方应该不在这儿吧？我看咱们古吹台上面房屋比较小，授课在这里的话空间估计不够吧，而且听说当时老师结婚会选择在这里，如果是教室的话也不太合理。

马强：据我们推测，当时应当是另有教室的。因为学校占地比较大，建设也比较全面，大礼堂、图书馆、校舍等等都是齐全的，吹台这边应当是办公室一类的，但是具体用途没有相关考证。

第七节 新的发现

在开封禹王台公园，古吹台水德祠院一处墙壁内嵌有两通非常少见的双面石碑，正面分别刻着"树木树人"和"泽溥山林"，背面分别刻着"河南农林实验总场纪念碑"和"河南农林实验总场记略碑"。据工作人员说，这两块石碑和当年农大在此办学有关，体现了当年农大的办学理念。还有一块《森林局拓地记》的石碑，记录着当时政府为了公立农业专门学校的河南农大征地的纪实。这些实物为农大校史提供了更为详细的史料。

"树木树人"和"泽溥山林"石碑

《森林局拓地记》的石碑

第八节　启发感悟

心路历程：实践前便听闻禹王台公园内的建筑与我校办学有关，但是没能细细观赏找寻相关遗迹，只是从借阅的书籍资料中判断禹王台公园曾是我校办学遗址之一。作为本次实践的一个重要站点，对于禹王台公园中有关我校办学的遗址，我们自然应当下工夫努力探寻。

实践方式：前往史志办及档案馆查阅资料的计划中，我们将整个队伍分成了两组：一是因为各个单位的史志存放有限，而关于我校的就更加寥寥，通查教育、办学、地皮规划等书籍也不需要太多人；二是能够节省时间，提高查找资料的效率。索性两队人不负众望，都找到了些许相关资料。

值得一提的是，前往查阅资料、档案等，会要求有介绍信来证明你作为来者的身份，其次是事前准备工作一定要做的齐全。比如前往开封市档案馆，因为档案原件易损毁、怕涂画，所以并不是有原件或是纸质版供来访者查阅，而是将材料文献全部分条目录入了电脑中，如有需要，可以登记后进行拷贝。

有了前几次的实践，这次探寻我校石碑的过程，就较为轻松了。队员们一同前往古吹台进行石碑的找寻、拍照以及讨论其内容是否与我校有关，整个过程还是较为和谐的。

收获启发：

（1）周密的准备好过事后的补救，可能听起来这两者是相差无几的，但周密的准备不仅能凸显出整个团队专业认真的态度，更能使没有彩排的生活舞台少留遗憾，而前进的底气也自然是你为成功所做的思量。

（2）处于时代的浪潮中我们总是没有留下一些今后作为纪念的先知，但也正是那些不自觉地存留才更加有魅力让后人去追寻，比如乾隆题字的石碑，存留过多反而本身的价值不如那些文人墨客的书画遗作了。

总结概述：人生易老天难老，自是时光去不回。古吹台上早已没有传道授业的老师，但嵌入墙体的石碑仍然昭示着当年办学的艰辛历程和桃李天下的鸿鹄之志。人生固有一别，传承永不消散。

第九节 建 议

（1）古吹台上的双面石碑和《森林局拓地记》石碑的具体来历因果以及解释等并没有人进行深挖研究，工作人员也只是笼统地说和当时学校办学有关。希望学校可以通过正式的形式对这两块碑进行调查探究。

（2）可以做出这两块石碑的拓片，在校史馆中进行展示。

第三章　中山大学农科时期

（执笔：石玉节、付瑞强）

省立中山大学时期农科的发展，与一位中国近代历史人物——冯玉祥密不可分。冯玉祥在这一时期为学校土地和教职工方面的建设提供了很大的便利，也为下一个时期——河南大学农学院时期的鼎盛奠定了基础。

虽然最初面临着教职工严重缺失，校长负责人频繁更换等难题，但先人们办学的执念仍是火热不减，也正是在这样一步一步的坚持下才有了后来农学院时期的盛景。

第一节　办学历程

名称：河南省立中山大学农科

时间：1927 年 7 月—1930 年 8 月

校址：开封南关繁塔寺二程夫子祠

负责人：国立开封中山大学成立后，徐谦任校长。但因政局动荡，徐谦校长一直没有到学校主事，工作就没能开展。1927 年 7 月，河南教育界人士要求当局另谋良策。后经河南省政府议会通过，将国立开封中山大学改为河南省立中山大学。由原中州大学校长、教育厅长张鸿烈任校长。从 1927 年 12 月至 1930 年 8 月的两年多时间里，河南政局处于极度动乱之中，人事更迭频繁，学校校长也几度换人，先后有凌冰（勉之）、查良钊、邓萃英、黄际遇、张仲鲁等。

办学原因：1927 年 6 月，冯玉祥任河南省主席，他一贯支持高等教育。在国民党中央委员会开封政治分会委员们的提议下，在河南教育界人士一致请求下，开始筹设"国立开封中山大学"，并委任徐谦、顾孟余、薛笃弼、凌勉之、李静禅等 5 人为筹委会委员。

经过多次磋商，河南省政府决定将河南公立农业专门学校、中州大学（1922 年 11 月，河南留学欧美预备学校改名为中州大学）、河南公立法政专门学校合并为国立开封中山大学（国立第五中山大学）。1927 年 7 月，国立开封中山大学宣告成立。后经河南省政府议会通过，将国立开封中山大学改为河南省立中山大学。

第二节　教学工作

教学工作：徐谦任校长时，邹秉文为农科主任。邹秉文仅到农专旧址和农场巡视一次，就前往百泉，以筹划农科地址为名，一去不返。此时的农科，仅有前农专的农场负责人领着不到 20 个校工，用农场收入维持生活。1927 年 9 月，南京东南大学教授郝象吾到校任农科主任。学校召集前农专教员杜碧澄和前农专未毕业的学生，同到校本部，又请李构堂、路仲乾等分任课程，在 11 月 28 日，举行开学典礼。农科主任由郝象吾担任，农艺系主任由郝象吾兼任，森林系主任为万晋。

系部设置：三校合并为中山大学后，设 4 科，即文科、理科、农科和法科。农科下设农艺系、森林系，学制 4 年。

农科校址在开封南关繁塔寺二程夫子祠。前农专农场改为河南中山大学农场，又将校部花园辟作试验农田，前督署花园并归农场。学生实习分别在校部和南关繁塔寺农场进行。当时农场仅有场部和租用寺院的土地共180 亩[①]。1927 年 9 月中旬，工人反映相国寺寺产已经收归国有，当天下午，凌冰校长就去拜见省主席冯玉祥，请将寺产拨归农科。第二天早晨，即由开封公安局局长偕中山大学秘书张筱台到场，凭省府文件，把繁塔寺寺产除留给和尚道明养赡地 20 亩外，其余全部拨归农场，吕祖阁、火神庙的庙产也同样处理，连同接收的前督署花园，农场土地骤增到 1 028 亩。凌校长只让农场接收相国寺的土地，牲畜、器物等仍归和尚所有。和尚旧有佃户，一律收作农场工人。农场工人达 40 人以上。

农场还在繁塔开办俱乐部和图书馆，欢迎大李庄、庞庄、魁庄、杜府营、干河沿等 10 多个村庄的菜农到农场欢聚和学习。陇海铁路东西护城

---

① 亩为非法定计量单位，1 亩≈667 平方米，下同。

堤口，在北伐军到汴以前，早已划归农专农场种树造林，但农专农场所造林木毁于战火。凌冰了解到学校农场没有畜力助耕，在1927年秋播时，农场未向省府请款，也未向学校造报预算，凌冰帮助农场弄到骡马、耕牛12头。

并校后，原农业专门学校校址，由军部借用为临时陆军医院。为便于学生选修有关课程，农科的教室、宿舍、试验室、办公室，均随它科设于城内原中州大学。本科学生在1927—1929年两年中，需往返25里到繁塔寺农场实习。1928年，与军部交涉，将临时陆军医院迁出，成立河南中山大学第二院，除一年级学生因修基本课程仍留校本部外，二、三、四年级学生以及农科教职工均迁出校本部，在二院上课。

农场和农业推广部则设于前农专旧址。农场有技术员3人：徐建功、索景炎、马碧矶，负责各项生产经营与试验管理工作，农事试验的工人有20余名。农业推广部设主任1人，由路葆清教授担任，推广员4人，下设总务股、编辑股、调查股，从事农业浅说、农业调查、开封农业概况编制和全省棉产状况调查等项工作。同时还负责订购土壤、园艺、森林等急需仪器、药品，购买耕、播、收新式农具，养殖蜂群，建立温室与鸡舍，扩充果园，栽种苹果。

教职工： 河南中山大学农科期间的教授有：郝象吾（讲授遗传育种）、王陵南（讲授普通园艺与果树）、陈显国（字羡郭，美国康乃尔大学农科硕士毕业）、万晋（兼农场指导主任，讲授造林与经理学）、吴景美（字心甫）、路葆清（字仲乾，兼农业推广部主任，讲授作物学与畜牧学）、陈孝治（字佰平，兼农场场长，日本北海道帝国大学毕业）、李荫桢（讲授植物生理学）、仇春生（讲授英文）、黄屺瞻（讲授解析几何），讲师有王璋（字拱璧）；助教有：刘逢辰、刘葆庆（字祝宜）、芦锡川（字晟初）、雷俊（字彦卿）；农业推广员有：张宝藏（字幼鸣）、孟宪伋（字及人）、彭西汉（字蕴璧）、冯蔚亭（字翔风）；兼任教员有：马辑武。

实验场站： 农科校址在开封南关繁塔寺二程夫子祠。前农专农场改为河南中山大学农场，又将校部花园辟作试验农田，前督署花园并归农场。学生实习分别在校部和南关繁塔寺农场进行。农场共分4个试验分场，总面积93亩，配合教学活动进行农艺、园艺、森林等各项科学研究实验。一分场土地面积 8 亩，着重进行蔬菜及珍奇花卉的栽培和促成试验；二分场土地面积 10 亩，专门从事各种树木育苗及南大堤一带实地造林试验；三分场面积 28 亩，为果树区，着重进行各种树的嫁接、修剪等试验；四分场面积 47 亩，专门进行农艺作物大麦、小麦、豆类、谷子、高粱、玉米、棉花等的选种、杂交、栽培以及遗传、抗病试验。此外，畜牧方面则从事改良开封土种绵羊品种，以及养蜂、禽类孵卵育雏等试验。

1927 年 9 月中旬，由开封公安局局长偕中山大学秘书张筱台到场，凭省府文件，把繁塔寺寺产除留给和尚道明养赡地 20 亩外，其余全部拨归农场，吕祖阁、火神庙的庙产也同样处理，连同接收的前督署花园，农场土地骤增到 1 028 亩，多用于实验育种。

第三节　科学研究

（1）进行蔬菜及珍奇花卉的栽培和促成试验。

（2）专门从事各种树木育苗及南大堤一带实地造林试验。

（3）进行各种树的嫁接、修剪等试验。

（4）进行农艺作物大麦、小麦、豆类、谷子、高粱、玉米、棉花等的选种、杂交、栽培以及遗传、抗病试验。

（5）从事改良开封土种绵羊品种，以及养蜂、禽类孵卵育雏等试验。

第四节　社会贡献

（1）当时的河南中山大学农科成立了一个以研究农业学术、推广农业科技知识为宗旨的学术组织——河南中山大学农学会。

（2）农科编辑出版了学术刊物《河南中山大学农科季刊》及《农业浅说》。

（3）由农场工人搬运苗木，在护城大堤补栽树木，形成长 15 000 米宽 27 米的一条林带。

（4）农场在附近开办民众学校，工人们的适龄子女及附近街民的孩子一律就学，计男生 1 班，女生 1 班，成年两班，合计 4 班，共 180 人。

（5）在繁塔开办俱乐部和图书馆，欢迎大李庄、庞庄、魁庄、杜府营、干河沿等10多个村庄的菜农到农场欢聚和学习。

第五节　重走日记

7月12日　星期四　晴　大风

在禹王台公园副主任马强的带领下，我们来到繁塔、禹王台等地，实地参观了解我校当时在此办学的历史。当时的中山大学农科资产虽然不宽裕，但一切都在有条不紊地进行。学校的合并、校领导的重视使得学校延续了下来。我们相信，假若先辈看到如今我校大放异彩，定会无比欣慰。

禹王台公园中保留的我校曾使用过的机井房

最初的我们，对农大并不是很了解，但在选择暑期实践课题时大家义无反顾地决定一同去追寻母校的历史，而这一路上，我们切实地感受到了农大百年风雨办学路的艰辛不易。在无数农大人血与泪的守护坚持之下，我们的学校才得以一步步成长。诚然，我们如今所发现的这些只是农大源远流长历史文化中的冰山一角，即便是这样，我们也已被这小小的一段所震撼，我们钦佩前辈们办学治学的不懈努力，更为身为农大学子而备感荣光。吾志所向，一往无前。未来的我们，定不负前辈期望，发扬我农大精神，为学校为祖国建设做贡献。

第六节　启发感悟

心路历程：这一时期可以说是经历了波澜起伏的，收集这一时期的故事和资料时我们每人都是满腔敬意。艰难困苦，玉汝于成。在农大先辈人的倔强努力、不甘奋斗，以及知名人士和民间的关怀帮助下，最初时教职工严重缺失到后来一步步发展蓄力，逐步发展成为当时国内很有实力的农业院校。

在当时师生甚至于维持生活都较艰难之时，我们的前辈们都没有放弃希望，放弃科研实验，怎能说不是吾辈之楷模？且物资逐渐充实之际又主动造林修路，开办民众学校，又怎能不是我们后辈的道德标榜？在这一调查阶段的结束之时，我们对"厚生丰民"这四个字有了重新的认识和更深刻的理解。

实践方式：一如既往地通过史料来缩小探寻范围，最终确定针对项目与计划。比较意外的是本以为这一时期没有留有的办学遗迹，但在禹王台公园中发现的一口机井其使用时期与中山大学农科——河南大学农学院时期重叠较大，虽然无法考证具体是哪一个时期修建的，毕竟时间久远且在战火纷飞的年代，机井大多被毁或填埋，史料中记载的干河沿村原存的三口机井都已被填，在这里能找到已经是收获不小了。

收获启发：

（1）精简的校训、校风从来都不是没有意义和故事的。也许日常的学习生活并不能体会一二，但作为农大的一分子，真的恳切希望能够爱校敬校，体味出校风校训的凝练真挚。

（2）好奇心和求知心是学习生活中不可缺少的。此次实践中如若没有团队成员们的好奇求知，就不能发现禹王台中的机井，虽然参观拜访时有工作人员带着，但很多疑问都是提出后才能有想要的解答。

总结概述：中山大学农科资产虽不宽裕，在此办学的时间也只是历史中一段小小的溪流，但仍滋润了当代很多有志青年。随着学校的合并、校领导的重视，也使学校坚持延续了下来，而这也正昭示着我们农大人的质朴无华和坚定不移。

第七节 建 议

　　我校当年办学时多处植树造林且在实验场地进行种植实验选种等，可能会留下一些树木，比如禹王台公园里的标本林，我们可以将其做成一个特色景观并对其宣传，相信将会成为一段佳话。

第四章 河南大学农学院时期（上）
（抗战流亡以前）

（执笔：石玉节、付瑞强）

河南大学农学院时的河南大学在全国名列前茅，而农学院更是校中大院，作为学校重点、人民认同的大院系，占地广，威望高，知名度省内可数，《学府往事》《百年记忆》等书中均有收录的徐正斋先生《河南大学农学院回忆录》一文，其中写道："河大在南京、上海设点招生，录取分数标准，农院超过河大文、理、医三个学院。"我想这也是全国人民对农学院认同的一种表现吧，虽然办学之初有过试验田不足，全院教师仅有三人的尴尬境地，但总归迎来了柳暗花明。

虽然不能切身体味先人们当时的心境如何，又是怎样一股力量促使他们不懈的努力，但我能明白我们今天所就读的学校，她诠释了"明德自强、求是力行"。

第一节 办学历程

学校名称：河南大学农学院

办学时间：1930 年 9 月—1938 年 6 月

校址：农学院院部设在开封繁塔寺。改科为院之后，该址作为河南大学第二院。

负责人：1931 年春，万晋任院长；1932—1934 年，美国明尼苏达大学博士涂治任院长。

办学原因：1930 年 8 月，河南中山大学校务会议决定，将河南中山大学改名为河南大学，民国河南省政府核示。同年 9 月 7 日，河南省第三届议会议决，批准将河南中山大学改名为河南大学。同月 13 日，河南省政府颁发河南大学印章及校长职章。张仲鲁继续任校长。河南大学命名之后，将过去文、理、农、法、医5科改为5个学院，农科改为农学院。

第二节　教学工作

农学院开设的必修课有国文、英文、化学、地质、生物、农艺学、植物学、昆虫学、植物生理、植物病理、细菌学、气象学、经济学、土壤学、农业经济等课程。各系开设的科目，一般都与农业发展的实际有密切关系。农艺系开设的专业课程有植物生理、遗传、食用作物、棉作、物作、农业合作、农场管理、昆虫、经济昆虫、昆虫分类、土壤肥料、作物育种、生物统计、农业概论等。

1931年春，万晋继郝象吾后任院长时，农学院仅剩农艺、森林、畜牧3系。森林系主任由万晋院长兼任。农场主任为栗显倬教授（湖南人，美国艾奥瓦州立大学农学院毕业）。当时第二院占地180亩，房屋200余间。

学院设置院务会议，由院长、院教务长、系主任、本院教授、副教授、讲师组成，院长为主席。院务会议审议下列事项：本院院务及发展事项，本院课程拟订事项，本院教学设备事项，建议校务会议事项，校长、院长及校务会议事项，其他有关本院事项。

学院各系分别设置系教务会议，由系主任及本系教授、副教授、讲师组成，系主任为主席，助教等列席会议。系教务会议审议下列事项：本系各学科教授联络，课程拟订，教学设备，系务及发展，建议院务会议事项，院长及院务会议事项，其他有关事项。

实行学分制：《河南大学学则》规定：凡必须课外自习的学程，每星期讲授1学时，满1学期为1学分。不需课外自习的学程，每周讲授2～3小时，满1学期为1学分。各生每学期选习的学分总数，不得少于18学分，不得超过22学分，但经系主任及院长特许者不在此列，各院系学程分为共同必修、院必修、系必修及选修4种。共同必修学程共28学分。其中，国语6学分，第一外国语6学分，第二外国语8学分，军事教育6学分，党义2学分（军事教育和党义两项不在毕业学分总数之内，但不及格者不得毕业）。院、系必修及选修学程，由各院、系分别规定。

各院学生修业期满，于最后一学期将终时，遵照部令组织考试委员会，举行毕业试验。学生除应修习规定课程外，最后一学年须写作论文，于限定期内提请毕业论文审查委员会审查，及格后给予学分。毕业成绩以各学期总成绩，毕业论文成绩及毕业试验成绩合并核算。对毕业学生可依照法令授予学士学位。

选课规定：学生选课须依照学则规定，其必修及选修学程分别填写清楚。选课经系主任及院长审定签字后，再经注册课主任签字，方为有效。凡全年学程修习半年无故中断者，不给学分。凡全年学程有下列情形之一者，第二学期不得继续选习：①第一学期成绩低于 50 分者；②第一学期成绩在 50～59 分，未经补考，或补考仍不及格者；③第一学期未曾参加学期考试，或因缺习过多，被取消考试资格者。

试验：临时试验由教员随时举行，作文、报告、测验、口试等均可。期中试验由注册课定期举行，但三、四年级学生所习的学程，必须由教员指定特别研究问题，以报告或论文代替。学期试验于学期终了时举行。毕业试验于修业期满时举行。学期成绩以临时试验、期中试验及学期试验三种成绩合并计算，但其百分比由各授课教员自定。

学生成绩管理：一律以百分法计算，分下列各等：①甲等，90～100 分；②乙等，80～89 分；③丙等，70～79 分；④丁等，60～69 分；⑤戊等，50～59 分；⑥己等，不满 50 分。学期成绩以丁等以上为及格，凡成绩不及格的学程不给学分。学期终了时，每个学生都发给成绩单。如有疑问，须于下学期开学一个月内向注册课主任声明，逾期概不受理。

补考及重修：每学期试验不及格的学程，其成绩列入戊等者，得补考一次；入己等者，不得补考。学生因不得已事故缺课，如亲丧重病等，不许参与学期试验；曾经办理请假手续，并经教务长核准者，得请求补考。请求补考者经教务长核准后领取补考证，填明补考学程，请求任课教员签字许可，再交存注册课，方为有效。凡不照前项手续办理而不参与学期考试者，以零分计算，不给学分，并不得补考，每学期补考均依照校历规定日期举行，无故误期不考者，不得请求第二次补考。补考分数由注册课按照教员所给分数九折计算，凡不得补考或补考不及格的必修学程必须重修。若在一学年中无相当学程时，可由教授规定补修办法。

请假制度：学生因故缺课，须先向训育课请假。请假除得病经医生签字正式证明外，都须亲到训育课说明理由，托人代为请假者无效。一学期内，事假以一星期为限。如遇亲丧重病或临产，得延长至四星期。已经核准的假期不得任意延长。如必须续假者，须再办理请假手续。未满假期而先行上课者，须向训育课声明改正。请长假外出者，必须有家长来信，经教务长核准，方为有效。续假者也须经同样手续。一学期内，学生对于任何一种学程单独告假者，其时间至多以该学程两星期授课时数为限。违者，该学程学期成绩以己等论。凡在试验期内请假者，除学期试验外，应自行与授课教员接洽补考。凡确因疾病不能参加军事训练者，须经校医证明始准给假，但时间不得超过一个月。

学生有下列情形者，得令其退学：①不请假，或请假到期不续假，而旷课达一星期以上者；②每学期所修学程，成绩列入戊等达总数 1/2 者；③每学期所修学程，成绩列入己等达总数 1/3 者；④不照请假补考手续办理，而缺考的学程达总数 1/3 者；⑤因旷课而不给学分，达总数 1/3 者；⑥休学期满而未续学者；⑦新生所缴毕业证书查出不实者；⑧依惩戒规则应退学者。学生自请退学或本校令其退学者，所交各种费用概不退还。

旷课的处理：凡学生不请假而缺课者为旷课，由训育课担任记录。迟到、早退由教员担任记录，并随时通知训育课，逾时不得更正。凡上课迟到 5 分钟以上者以迟到论，10 分钟以上者以旷课论。三次迟到作一次旷课计算，早退者仿此。一学期中学生对于任何学程旷课达三次者，该学程学期成绩以己等论。

科技推广：万晋任院长后，提倡学术研究，加强课堂教学与农场实验的联系，以便从实际中研究和认识农业问题，进而解决农业生产中的问题。他进行了 8 项工作：①将本院师生及设备全部迁入第二院，邻近农林实验场地，以利于教学和实验的开展；②添设本院附中，并加强对附中学生的教育，以提高生源质量；③建设大楼和种子室，修建教室、试验室、图书室和礼堂等；④准许东北大学农学院全体师生在本院住宿、上课和使用全部设备；⑤停办农业实习学校和农业推广部，以其经费添置各类课程急需的试验、仪器、药品；⑥扩大农场试验范围，进行各种主要作物的遗传育种与栽培、土壤、肥料、虫害试验；⑦建立苗圃，培育优良树种花木；⑧聘请知名教授来校任教，编辑《农学院丛刊》。农学院还提出"以学术发展事业、以事业发展学术"的口号，寓教学、试验、研究为一体，互相结合，互相促进。这些措施使农学院在短短几年间面貌大为改观。

这一时期，注意改革教学方法。李先闻教授担任植物生理、遗传学、麦作学，农学方法，重视实习与田间技术试验，以加深学生印象，并训练田间操作方法。同时指定参考书，督促学生自行阅读，打破念讲义的教学方法。

1932—1934年，美国明尼苏达大学博士涂治任院长。涂治任院长期间，重视教学和科研，聘请有名气的专家教授来校任教。他本人爱读书，治学严谨，教学认真。他的教学受到了师生们的称颂，在科研方面，他非常重视河南的棉花研究。

农业推广部聘路葆清教授兼主任，以开封县为实验区，有推广员4人，经常访问农村，探求农业耕作有关之问题，提供教授及同学研究时参考，并指导农产技术，解答农民疑问。加强与各县农林机构的联络，搜集农业资料。受上海华商纱厂联合会委托，代办河南全省棉花生产调查。结果获得棉作生产、运销、棉农经济问题等多种宝贵资料，汇集编列，依次解决，给河南棉农很大帮助。

系部设置：河南大学命名之后，将过去文、理、农、法、医5科改为5个学院，农科改为农学院，学院下设系。新成立的河南大学，全校设5院共16个系。其中农学院下设农艺系、森林系、园艺系、畜牧学系（农业经济系停办），并有农事试验场、农业推广部等附属单位，后取消森林系。郝象吾教授出任第一任河南大学农学院院长。农艺系主任为陈显国，园艺系主任为王陵南，森林系主任为万晋。

农学院院部设在开封繁塔寺。改科为院之前，河南第一甲种农业学校于1930年并入河南中山大学农科。改科为院之后，该址作为河南大学第二院。这时，农学院的学生三、四年级迁往第二院上课，一、二年级暂在城内校部上课。

学校经费较充足，每年都能添置一些图书、教学实验设备。因此，河南大学在图书、仪器设备等方面，当时在全国都是较为先进的，实验室建设也有相当规模。

教职工：1930年，农学院有教授8人，副教授1人，兼任教员3人，学生12人；至1935年有教授12人，兼任教员4人，学生89人。1931年万晋任院长期间以及以后一段时间，农学院师资力量十分强大。初期有教授8名，后来增至近30名，先后有郝象吾、陈显国、龙启霖、万晋、路葆清、陈佑进、吴心甫、李先闻、栗显倬、赵连芳、涂治、彭谦、王陵南、林世泽、许振英、贾瑞生、何一平、乐天宇、王直青、王拱壁、黄以仁、李达才、谷子俊、陈振铎、黄菊逸、林渭访、董时厚、王鸣岐、邵德伟（讲授造林学、狩猎学）、刘家驹（讲授理水防砂及测量）、陶翼圣（讲授灌溉及排水）等。他们中有很多人留学国外，学有专长，当时已是很有名气的专家、教授。也有很多人在新中国成立后成为国内知名教授，如王鸣岐教授、许振英教授，成为国内很有名气的植物病理专家、畜牧专家。

试验场站：农学院有实验室 5 个，贵重仪器 14 件，普通化学实验仪器百余种，计 4 000 余件；各种标本 500 余种。

图书：农业书籍中文计 200 余种，外文计 200 余种，外文小册子 500 余种；杂志中文约 10 余种，外文约 10 余种。

土地：农场共有土地 800 余亩，分为 4 处；总场在本院之南，大部分供园艺试验之用，其余为养鸡场和苗圃试验地；第一分场在花园街，专供学生试验用；第二分场在四权村北，即果树园，栽植桃李等果树；第三分场在崔庄，面积甚大，专供作物育种之用。

建筑：农艺、园艺、森林、畜牧、土壤等实验室各 1 座，作物育种研究室 1 座，玻璃温室、普通温室各 2 座，软化实验室 1 座，养蚕室 1 大座，新式养鸡舍 1 大座，推广院办公室 1 大座，农场陈列室 3 间，种子储藏室 6 间，普通储藏室 6 间，畜舍 3 间，饲料室 4 间，场工住宿 10 余间。

牲畜：养骡 10 余头，养美利奴羊 20 余头，养里昂卵鸡数 10 只，养开封土种鸡数 10 只，养意大利蜂 20 余群。

农具：新式农具计有五齿中耕器、五行播种器、大小西洋犁、中分犁、活齿耙、玉米脱粒器、玉米播种器、手摇播种器、打禾机、轧棉机等数十种，旧式农具全备。

仪器：农艺仪器有显微镜、扩大镜、天平、种子胀离测定器、土壤实验仪器等数十种。园艺仪器有喷雾器、剪枝接木刀等 10 余种。森林仪器有经纬仪、水平仪、罗盘仪、平板测量器、测高器、测径器等 10 余种。畜牧仪器有孵卵器、育雏器、养蜂器、养蚕器等 10 余种。气象仪器约有 10 余种。推广方面的应用器具有电影快镜、留声机等数种。

标本：农艺系标本有种子标本、作物标本、救荒植物标本、有毒植物标本、昆虫标本、肥料标本、土壤标本等千余种。园艺系标本有果品、育苗木等标本数十种。森林系标本有森林植物标本、木材标本、美国接木标本等数百种。畜牧系标本有鸡胎发育标本等数种。

第三节　科学研究

农艺系：自改院后，制定科研工作方针，以实验研究为第一任务；开展推广、服务、社会指导等；开展小麦、大豆、小米、棉花等河南主要作物的育种、改良工作，使地方农业增产。把花卉、蔬菜、庭园设计等设为次要目标。为配合以上研究，确保试验改良成果，对于有关病虫害的调查、防治，土壤性状勘测与分析，气候环境变化与测定，都进行了研究。

在研究工作上，小麦实验研究由刘葆庆负责；大豆工作由王鸣岐负责；小米工作由孟及人负责。统由李先闻亲率督导，依计划进行，历经3年，成绩颇著，成果发表于国内外学术杂志，蜚声国际。

李先闻于1932年2月到校，担任植物生理、遗传学、农学等方面课程。他的第一篇研究报告的内容是解析王陵南所作的南瓜与番南瓜杂交所得的五光十色、奇形怪状的果实。经李先闻以细胞遗传理论分析后，发表研究报告1篇，引起当时国际遗传学界的浓厚兴趣。

小米试验研究有开花观察、杂交技术、细胞研究以至品种试验、田间布置等成果。成果分析均采用生物统计方法，连续发表论文多篇，当时中外农学界，莫不钦佩，公认李先闻为小米专家。

高粱研究方面，曾引进国外优良品种与河南当地品种进行杂交。甜秆高粱分析试种，并作高粱剥叶试种促进成熟的研究，也有相当成果。

农业作物病害研究。如对小麦黄锈病（俗称黄疸病）、黑穗病、白粉病，大豆叶枯病等的研究。因当时河南上述农作物病害蔓延甚烈，农民损失不少。涂治倡导、采用抗病理论和育种技术，进行抗病育种研究。播种时即给种子接种病菌孢子，测验各品系的抗病能力，以选择抗病力强的优良品种，效果极佳。全国有关农业研究者纷纷仿效，开抗病改进技术之先河。

棉作试验研究。1934年，中国银行董事长束云章与河南大学农学院签订合约，由该行补助经费，在河南省灵宝县设立棉作试验场，以改进棉花纤维。

土壤改良。彭谦主持的土壤肥料学，建有设备完善、规模宏伟、全国最大的土壤馆。彭博士主持土壤化学改良的研究、试验，采用地下排水、地表冲洗、化学改良等方法，对河南土壤作详细的调查、分析，测定肥力及理化性质等。他埋头研究，采集土样，加以分析，对河南东部盐碱土壤的改良贡献殊多。省建设厅成立"碱土改良委员会"，彭谦主持改良工作，有助教刘士林及同学多人参与研究，成果报告丰硕。

森林系：河南森林面积调查。前后调查了太行山、伏牛山、嵩山以及信阳鸡公山附近森林。通过天然林生长状况的调查，发现了对经济发展极有用的木材。与陇海铁路方面合作，调查伏牛山、熊耳山可用作枕木材料，为铁路枕木及沿线电杆提供了材料。

嵩山太室峰育林工作、陕县观音堂宫前镇森林调查工作。1935 年夏，平汉路信阳李家寨平汉铁路局所属林场，特邀黄以仁协助调查其所属林区生长量及树种分布，并代为制定经营计划。黄以仁教授率领 8 名学生，制成林相图、材积分布表、森林植物分布园及经营计划书等。

元、明、清以来黄河防汛工程常构筑柳坝，利用柳树柔软枝条编笼填土，以阻水势。森林系同学参观黄河堤坝工程时，认为如将干死树枝改为生长旺盛的活柳树枝，耐碱、耐湿效果必定更佳。于是商请河南河务局划出河堤一段，由森林系同学亲自打桩植柳，等到发芽成活、柳枝长到 1 米左右时，将柳枝纵横编结，用麻绳捆扎，使它徐徐生长为一体，成为一个活柳坝。汛期来时，防洪效果较木桩坝、石坝、柳枝坝等更为安全，而且省工、省料，兼有分散流势、扰乱旋涡之功，可算是水利工程的奇迹。

育苗造林试验。毛白杨又名鬼拍手，为河南主要树种之一，但成活率低，育苗不易。邵德伟教授指导学生周恒做毛白杨种子繁殖试验。先用显微镜观察种子生态，自开花至结籽，作全部控制记录，以研制种子成熟性与成熟过程，然后观察种子储藏与温湿度变化，最后作种子多种处理以观察发芽率。结果发现绝对湿度 5％左右，温度 32℃以下，发芽率最高可达 16.4％，解决了毛白杨的苗木繁殖问题。

畜牧系：畜牧系在许振英教授任系主任时期，研究工作已有长足进步与发展。当时鸡舍、牛圈、蜂园都有相当规模；研究设备与研究环境在大学畜牧系中可算是上上之选。学术研究按计划进行，并有学术论著发表。

除农业学术研究外，农学院师生每人最少参加一个研究社区，多者可达数个；各社区均有定期刊物，刊登师生研究专题及研究成果。

《农院季刊》是一长期性农业学术刊物，抗战前即发行，抗战期间中断。1936 年 10 月 1 日复刊。该刊原由农学院农学会发起，后因经济原因改归农学院出版，并经院务会议决议交由农业推广处负责完成。创刊号由校长刘季洪撰写发刊词，说明该刊的宗旨及学术意义。它登载河南大学教师、学生的论文及考察报告、译文 30 余篇，介绍农学院有关农业具体工作与成就。另一学术性刊物为《农学与医学》，由农医两学院合组编辑而成，发表与两院有关联的学术报道、问题探讨，大多为两院教授执笔，对学校及社会农医两方面做技术性指导，推动学术研究。

第四节　社会贡献

社会服务：

（1）开展小麦、大豆、小米、棉花等河南主要作物的育种、改良工作，使地方农业增产，并对其进行推广；

（2）河南东部盐碱土壤的改良；

（3）与陇海铁路方面合作，调查伏牛山、熊耳山可用枕木材料，为铁路枕木及沿线电杆提供了材料；

（4）为河南解决了毛白杨的苗木繁殖问题；

（5）由农医两学院合组编辑《农学与医学》刊物，对学校及社会农医两方面做技术性指导。

成果：

（1）李先闻先生以细胞遗传理论、生物统计学理论分析多种实验现象，并发表研究报告，引起当时国际遗传学界的兴趣，且成为公认的小米专家；

（2）对小麦黄锈病（俗称黄疸病）、黑穗病、白粉病，大豆叶枯等病，采用抗病理论和育种技术，进行抗病育种研究，效果极佳，开抗病改进技术之先河；

（3）主动改进黄河堤坝的防洪措施，改进后防洪效果较木桩坝、石坝、柳枝坝等更为安全，而且省工、省料，兼有分散流势、扰乱旋涡之功，算是当时水利工程的奇迹。

第五节　重走日记

7月5日，实践团队共赴河南大学明伦校区校史馆进行了学习交流。据了解，河南大学与我校校史密不可分，但由于种种历史原因，两校校史比较混乱模糊，经近段时间小组成员不断发现总结，大致梳理出河南农业大学与河南大学的校史异同，分列如下：1902年河南大学堂创立，1903年河南大学堂更名为河南高等学堂，1912年河南高等学堂更名为河南高等学校，同年11月河南高等学校更名为河南公立农业专门学校，后又经一系列演变，成为今天的河南农业大学。河南大学则是1912年创立的河南留学欧美预备学校。由此可见，河南农业大学办学史比河南大学要提早十年，当之无愧是河南省最早的大学。而1927年6月河南公立农业专业学校与河南公立政法大学、中州大学合并为第五中山大学，后改名为河南大学，农科改名为农学院，1952年河南大学农学院独立并更名为河南农学院，1984年改称河南农业大学。因此可能会有人误认为河南农业大学是河南大学独立出的学校，但我校的百年峥嵘岁月毋庸置疑。在河南大学的校史馆中，我们找到了一些关于农学院的珍贵照片，讲解员也向我们讲解了农学院的演变历史，可谓收获颇丰。

讲解员向同学们讲解河南大学及河南农业大学历史

河南农业大学团队在河南大学校史馆

7月9日，我们再次来到开封，带着所收集到的材料，满腔热情地想要揭开我校历史的神秘面纱。一到开封我们就在团委老师陈翔的带领下，拜访了我校1991级的校友——开封风景园林研究所程玉长所长，并与他进行了交流。他向我们介绍了河南农业大学在开封的办学历史，同时为我们的调查团队制定了详细的调查方案，为我们后面几天的行动奠定了坚实的基础。与程玉长会面结束后，很多问题得到了解答。但我们认为，历史的真实性是需要考证的，所以在电话联系了开封市档案馆、开封市史志办后，预约了7月10日的拜访。

团委老师陈翔与程玉长在讨论

第六节　调查访谈

1. 与我校 1991 级校友、开封市风景园林研究所程玉长所长交谈

陈翔：您好，我们是之前和您联系的河南农业大学暑期实践"重走办学路团队"，想向您了解一下当时咱们农学院在禹王台的办学情况，知道您之前在禹王台任职，所以通过咱们校友办联系到您，十分感谢您能抽出时间和我们交流。

程玉长：这么长时间没有见到过校友，见到你们我也觉得很亲切，特别是你们和我说明来意以后，觉得这个活动很有意义，能让同学们去了解当时的情况，知道其中的艰辛。我们应当铭记历史，这样才能更好地展望未来。

我是咱们学校 1991 级的校友，虽然那时候学校已经搬迁过来，也不在这里办学了，但在来禹王台之前，我就听过咱们学校在这里办过学，还留下一片标本林，本身我是咱们学校林学院的学生，也是专业指使，让我更加想了解咱们学校当年的处境，所以也是一直询问关于咱们学校当时的情况，几年下来，也算是颇有了解。

也是由于我职业的问题，对禹王台中树木树种的了解更多一些，还可以给你们提供早几年我们做的完整的禹王台区树木树种的详细报告，你们可以关注一下标本林的调查。另外就是禹王台里面几栋建筑，除了你们了解过的红楼、古吹台以外，繁塔附近应该还存有当年的校舍，以及禹王台办公区的办公室，也是当年的校舍。再有我个人认为，禹王台内保留的花房，是当年日本人建造的，抗战结束农学院搬迁过来以后应该也是有些用途的。

陈翔：那关于繁塔当时的大门的方位改建问题您清楚吗？听说繁塔最初是坐北朝南，而后一次修建中改成了坐南朝北，不知您了解情况吗？

程玉长：繁塔围栏的门我倒是知道有东西两门，之前是开西门，现在是只开东门不开西门，你要是说南北向的话应该说的是繁塔本身的塔门，那这个我还真不太清楚它的这个改建。看来你们也真是下工夫了，找的资料也真是不少啊！

陈翔：关于当年的水井还有没有？

程玉长：水井有的，现在是作为非物质文化遗产保留下来了，仅有一口，已经不再使用，但是它当年可是很受欢迎的！现在是在咱们禹王台公园里面，外面是一个小房子状的做保护，四周有洋槐，保存的还是比较完整的，你们到时候可去看看。

陈翔：好的，感谢您给我们提供了这么多信息，最后再问您一个关于咱们农学院留下的或者使用过的建筑，咱们这还有多少处能够考证呢？

程玉长：经过考证核实使用过的就只有红楼、古吹台、水井有明确记载。但是就咱们农学院当时占地以及范围来看，禹王台公园内所有民国建筑都有很大可能被农学院使用过，包括红楼西侧的四季亭，古吹台东侧的日寇建房，包括正对繁塔的那些梧桐树，都是有可能的，这些你们明天都可以去看看，近距离感受一下，都很好也很有意义。这样吧，我帮你们联系一下公园那边的负责人，这样你们也方便点。

陈翔：麻烦您了，谢谢您百忙之中抽出时间为我们讲解这么多，再次感谢！

（程玉长为我们提供了禹王台负责人电话，并帮我们约好 7 月 11 号上午前往禹王台公园，会有负责人带领参观讲解）

团委老师陈翔与程玉长书记交谈

2. 与开封禹王台办公室主任崔山交谈

陈翔：您好，请问您是禹王台公园的负责人吗？

崔山：嗯，对。

陈翔：我们是河南农业大学的师生，想要向您询问有关河南农学院当时在咱们这办学的情况，这是我们的介绍信您看一下。

崔山： 好，关于咱这一块的记录其实也不多，主要还是红楼和古吹台这两个地方，再有就是古吹台上有两个碑，相传是和咱们农学院有关的，咱们这还流传一本《吹台梦华》的书，可以送给你们，找找有没有关于农学院的事。

陈翔： 谢谢您，我们在找您之前还向一个老先生询问了一些情况，根据那个老先生的描述，现在挂有禹王台公园的铁门之前是农学院的门，关于这个情况您清楚吗？

崔山： 关于那个门我不了解，只知道咱们禹王台之前找专家研究过农学院繁塔处的那个半西式的门，最后他们没能确定具体方位，但是确定是东北方向和正北方向中的一个。

陈翔： 好的，那关于咱们农学院的占地您清楚吗？

崔山： 占地的话还是比较广的，烟厂药厂都在范围之内，还有现在咱们说话的这个办公室其实是先前农学院的校舍，禹王台里面大多是农田，实验用的，建筑不算太多。

陈翔： 那咱们禹王台这边有没有关于河南农学院时期的照片等资料？

崔山： 照片的话我们现在只有电子版，原物都被收藏起来了，如果你们需要的话我可以把这些电子版的提供给你们。

陈翔： 好的，谢谢您。

团委老师陈翔与禹王台公园办公室主任交谈

第七节　新的发现

河南大学农学院校门位置：关于我们开封地址当年农学院的大门，禹王台区表示也曾经找历史专家试图认证过朝向，但最终因为只有数张照片作为依据，只能确定其朝向是向北或者东北一方，没有更多的判断。

禹王台公园办公室主任提供的农学院时期我校大门的照片

现今保留下来且挂有"禹王台公园"字样的民国时期不可移动文物之一的铁门，曾是我校农学院时期的第一个大门，此门与我校更挨近繁塔的大门之间大多为实验用田。

我校农学院时期使用过的大门

第八节　启发感悟

心路历程： 探寻我校（河南农业大学）办学历史的这数个日夜，着实是给我们上了一课。《歌德的格言和感想集》写道："历史给我们的最好的东西就是它所激起的热情。"而进行至此的暑期社会实践，就给予了我们对自己初心的热情、对历史探寻的热情。

虽然途中有着质疑和摩擦，但随着脚底酸痛一起到来的还有呈现在我们眼前的愈渐清晰的我校历史轨迹。虽然我们知道她还很远，但一行人跌跌撞撞即将到达山顶的感觉还是很美妙的。逐渐有了章法的行程和顺利的交流都让我们保持着对于实践最初的新鲜感，团结一致，开心乐观地走向同一个目标，让我们感到心情畅快与豪迈。

实践方式： 这一阶段实践方式较多为口头打探和对知情人士的询问采访。在对我校 1991 级校友程玉长的采访和禹王台办公室主任崔山的交流时，采用这样的方式主要是因为农学院时期我校相对较为繁荣，占地广并且校区外就是居民楼，很有可能有不曾搬迁过的老居民。而对程玉长以及崔山的采访中也得知，很多人对于我校源头的记忆就开始于农学院，而对之前我校办学没有印象或者没有深入了解过。采访方式获得的材料真实性是较低的，首先记忆偏差是其一，其二是无法考证，其三是评价等包含个人感情因素。总的说来，具有参考价值，但没有文献有力，故对之前的历史没有进行采访。

收获启发：

（1）老人们脸上的皱纹是经历，凹陷的眼窝是看穿。他们都有故事，但是鲜有人听，我们所采访的老住户中，每一位老人都让人印象深刻，七八十岁的年纪，知晓我们的来意后便认真思索、尽力答疑的样子让人回味。

（2）与人的沟通是有技巧的，好的语言表达能力使听者和说者都能够理解，起到事半功倍的效果。谈话交流中如何拿捏分寸也是很重要，在交谈中张弛有度是一门艺术。

总结概述： 虽然河南大学堂的原始建筑已不复存在，但找到它的具体位置还是令我们兴奋不已；繁塔四周原本熙攘的街道如今荒草萋萋，但我们求证铁门后仍对当年的故事充满新奇；古吹台上嵌入墙体的石碑仍然昭示着当年办学的艰辛历程；红楼只剩下躯壳，但门前的简介仍记录了其辉煌。历史不会被遗忘，更不容被掩盖！我们，农大学子，爱校荣校在路上！

第九节　建　　议

建议学校组织倡导开展更多有关历史文化的活动。一方面是让莘莘学子了解我们浓厚的文化历史，另一方面也可以培养学子们对历史文化的热爱和重视。

流 亡 篇

第五章　抗战中的河南大学农学院
之镇平时期

（执笔：徐辉煌、褚洁）

1937—1939 年，河南大学农学院迁至镇平办学。2018 年 7 月 5—10 日，河南农业大学机电工程学院"重走办学路社会实践团队"围绕"重走抗战办学路"为主题，一行八人怀着赤诚之心，前往河南省南阳市镇平县，回顾河南农大抗战流亡办学史，探寻前人足迹。

重走百年办学路，是帮助广大学子深入了建校办校历史，体会办学不易，传承"弘农爱国，厚德质朴，求真创新，包容奋进"的农大精神的一种方式。此次重走百年办学路的重要意义，首先在于用身处于和平年代大学生的目光和思考，去感受先辈们当年的苦难经历和光辉历程。80 多年后，可能当初的办学旧址被岁月侵蚀而变了模样，又或者不复存在，但重走办学路中极其有限的感受，也是在与先辈们做心灵与思想的沟通。其次，重走百年办学路，可以唤起更多"90 后"、"00 后"的大学生去关注建校办校史，鼓励大家和实践团队一样重走办学路，来共同怀念先辈们的光辉历程，进一步帮助广大青年学生培养荣校、爱校、兴校之心，增强文化自信，激励青年学生为实现中华民族的伟大复兴而努力奋斗。

第一节　办学历程

办学原因： 1937 年以前，日本军国主义者吞并了我国东北三省，蚕食华北大部分地区，于当年 7 月 7 日悍然制造了"卢沟桥事件"，对我国进行全面的侵略。以蒋介石为首的国民政府，采取妥协投降的政策，1937 年 8 月驻守保定的蒋介石嫡系将领——刘峙，一溃千里，致广大同胞生命财产于不顾，河南全省危在旦夕。当时教育部令"凡已受袭击或易受袭击区域之大、中、小学一律向安全地带转迁。"河南省城开封和其他地区的一些学校纷纷迁入宛西，此时的镇平县在"宛西自治"下，社会安定，得天独厚的条件为学校提供了良好的栖身之所，河南大学农学院得以在战火纷飞中继续发展。

起始年月：1937 年（民国二十六年）12 月

终止年月：1939 年 6 月

校名：河南大学农学院

校长：河南大学校长王光庆，河南大学农学院院长：郝象吾（1941 年止）、王直青（1941 年接任）

系部设置：全校计 4 个院，10 个系，40 个班。

教职工：共 131 人

第二节　重走日记

7 月 5 日　星期四　晴

7 月 5 日早晨七点钟，我们一行八人从文化路校区出发，八点钟坐上了去往镇平的客车，经过将近四个小时的路程颠簸，下午一点三十分左

右，终于抵达镇平，在经过短暂的休整之后，我们向路人询问了安国城（学校旧址）的大体方位，一行人便朝着目的地进发。

　　天气炎热，且时间短暂，我们当天下午只找到当地的村委会，且与村支书取得了联系，并且约定好第二天对老人进行采访。随后又在村子里转了转，便返回我们住的地方了。

　　7月6日　星期五　晴

　　7月6日，我们如约前去拜访王传恒老先生。对于我们的到来，老人甚是欢喜。期间我们进行了长达两个半小时的交谈，从中受益颇多。

　　下午，我们决定分成两组分别前往镇平县县政府和文化宫寻找河南农大在镇平县办学的历史记载。

　　7月7日　星期六　晴

　　7月7日，我们一行八人分成两小组深入安国城的大街小巷，通过与当地人进行交谈，对安国城的各方面多一些了解。

　　7月8日　星期日　晴

　　7月8日，校领导与院领导经过一番跋涉，顺利抵达安国城。期间，领导们向我们询问了社会实践的成果和收益，而且对我们社会实践的团队进行了亲切的问候。下午，经由村支书牵线联系，校领导们参观了学校遗址，并与小学校长进行了亲切友好的交谈。

第三节　调查纪实

　　7月5日早晨，我们一行八人从文化路校区出发，首先乘坐公交车前往郑州市长途汽车站，然后转乘大巴前往南阳市镇平县。历时五个多小时，我们抵达了镇平县县城。下车后，我们根据手机导航的指示，确定了安国村的大概位置。本着方便出行、干净卫生、价格低廉的原则，我们在离安国村村口不远处找到一家旅馆作为这几天社会实践活动的落脚处。我们将行李放在旅馆，稍作休息。

　　由于天色尚早，我们决定前往安国村，看一看是否能够获得有关我校在抗战时期在此办学的信息。我们将目的地定为安国村村委会，但是并不能在手机导航上找到具体的位置。无奈之下，我们前去向旅馆老板请教，希望她能给我们提供一些帮助。旅馆老板在了解我们此行的来意后，耐心地向我们描述前往安国村村委会的路线，并嘱咐我们可以在沿途询问过往的路人。在向旅馆老板表达谢意后，我们便出发前往安国村村委会。

　　七月的天，我们一行人走在街上，迎面吹来的风如热浪一般扑来。还好在当地人热心的帮助与指引下，我们还算顺利地找到了安国村村委会，也就是玉都街道办事处安国村综合文化服务中心。来到值班室，在向工作人员简单地介绍了我们身份和此行的目的后，工作人员热情地接待了我们并让我们在此稍作休息等待村里相关负责人的到来。大约半个小时后，村里的老支书来到了值班室，在了解完我们的情况后，主动帮我们联系了玉都安国小学的校长，并亲自带领我们去玉都安国小学。在与老支书的交谈中，我们得知，河南农业大学抗战期间的办学旧址就位于玉都安国小学内。

　　沿着村内小路，大概走了三四分钟，我们一行人来到了镇平城东北郊。首先映入眼帘的是一块上面写着"安国城遗址"石碑。我们猜测这里曾经是古时安国城的所在地，这一点猜想也在接下来的探寻过程中得到了验证。沿着石碑一侧的斜坡继续往上走，我们便来到了玉都安国小学门口。小学张校长为我们打开了门，并带领我们参观了学校。在学习会议室的门前，我们看到了一块用毛笔书写的"河南大学旧址"匾额方方正正地挂在墙上。我们继续往校园深处走，在升旗台的背后，我们看见几间破旧的房屋，这些历史悠久的房屋仿佛经过岁月洗礼的老人，脸上已经刻出一条条深深的皱纹。站在门前，时光好像一下子回到了 80 年前那段烽火战乱的年代，我校广大师生，背井离乡，流离失所，但是他们一面坚持教书育人，一面怀着满腔爱国热情，激昂悲壮地开展抗日救亡的活动。想到这些，内心久久不能平静。看着这些老屋，简朴而宁静，悠久而亲切，好像在述说着那段烽火岁月的峥嵘历史。

在参观的过程中，张校长告诉我们，村里有一位年过古稀的王老先生，他对抗战时期河南农大在此办学的历史比较了解。如果有机会的话，可前去拜访一下老先生，或许能够获得更多关于河南农大在此办校的信息。我们通过村支书的帮助，顺利与王老先生取得了联系，并约定了于第二天早晨八点前去拜访他。天色不早，考虑到安全问题，在与张校长道别后，我们便匆匆赶回了旅馆。

回到旅馆，我们坐在一起讨论今日所见所感。虽然只有短暂的一下午，但是收获已远远超出我们的预料。当然，随之而来的还有一连串的疑问，"当初迁校至镇平的只有我们这一个学校吗？有多少师生来到这里呢？那几间破旧的房屋是何时所建……"除此之外，诸多对安国村的疑问也浮现脑海，"安国村遗址具体在哪里？现在是否还存在？安国村名字的由来……"带着这些疑问，我们开始期盼着第二天的调研。

7月6日，我们如约前去拜访王老先生。初入老先生家中庭院，便被庭中盆景、奇石及雅竹吸引住了目光，庭院虽小，却饶有风致。正在大家沉醉欣赏院中景色之时，王老先生从屋中出来，精神矍铄，步伐稳健。对于我们的到来，老人甚是欢喜，他热情地招呼我们喝茶，吃水果。在与老人的交谈中，我们了解到老人名叫王传恒，曾就读于清华大学，毕业后便开始自主创业，是"中国电热毯第一人"。当知道老先生曾经的经历后，大家心目中的仰慕之情油然而生。虽然老人已是七十多岁高龄，但是十分健谈，他的精力之健旺根本不像是一个七旬老人，问题一提出来他就像拧开了水龙头一样滔滔不绝。对于80多年前关于河南农大的办学历史，老人从长辈和兄长处也得知一些。"1937年七七事变过后，日军发动了全面侵华战争，河南大学农学院的师生历尽艰辛，来到南阳镇平，在战火中开始了建校办学的历程。在抗战期间，农学院的学子们克服种种困难，坚持教书育人，这种精神值得我们每一个人去学习。"王老先生感叹道。除此之外，老先生还告诉我们，河南农业大学在抗战期间的办学旧址曾经是一座寺庙，名为安国寺。安国寺修建于北魏孝文帝时期，不过现在仅存几间房屋，已经改建为玉都安国小学。

据了解，北魏孝文帝时期，安抚汉人的重要措施之一就是兴建寺庙。像祖师庙、菩提寺以及著名的洛阳龙门石窟、云冈石窟等，都诞生在这个时期。而安国城是镇平前期的政治、军事、经济和文化活动中心，兴建安国寺，也就顺理成章了。安国寺在兴盛时期，建造有山门、前佛殿、后佛殿、佛君殿以及两侧的客房、伙房等。在寺庙的东侧，还建有石塔一座，塔顶上，装有大约 10 公斤中的铜钟。清代时期，"安国疏钟""五垛晓烟""三潭夜月"以及"严陵春掌"等被尊称为"镇平八景"。清代诗人许宏文曾在《安国鸣钟》一诗中这样描述："安国今何在？钟声送好风。几回清夜响，一洗万缘空。"

　　离别之际，老先生深情寄语同学们"先天下之忧而忧，后天下之乐而乐。"老先生衷心希望同学们能铭记历史，深刻体会到先辈办学不易，不负先辈心血，努力学习，为学校、为祖国奋进拼搏。

　　下午，我们决定分成两组分别前往镇平县县政府和文化宫寻找河南农大在镇平县办学的历史记载。在当地人的帮助与指引下，我们了解到在县档案局有相关记载。最后，两个小组在县档案局汇合。在讲清了身份和目的并出示了介绍信后，档案局的工作人员热情地接待了同学们，并帮助大家在镇平文史资料中找到了当初河南农大迁校的相关记载。"一九三七年（民国二十六年）十二月，河南大学农学院迁至镇平城北安国城，医学院迁至镇平城内，均与一九三八年三月开学上课。理学院迁至镇平东关太山庙，于九月开学上课，全校计四个院，十个系，四十个班，教职员 131 人，在校学生 520 人，全年经费 276 492 元，校长王光庆，该校于一九三九年六月奉命前往嵩县潭头镇。"这就是河南大学农学院迁至镇平的基本情况概述。

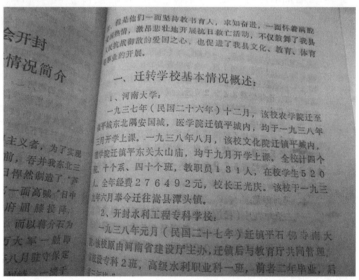

忆往昔，令人难忘的岁月。日本军国主义者，为了实现侵略中国独霸亚洲的野心，一九三七年以前，吞并了我国东北三省，蚕食华北大部分地区，于当年七月七日悍然制造了"卢沟桥事件"，对我国进行全面的侵略。它一面高喊"日中亲善""东亚共荣"的口号，诱惑国民党政府屈膝投降，一面以强大的海、陆、空军，投入侵华战争。而以蒋介石为首的国民党政府，采取妥协投降的政策，数百万大军一触即溃，我中华大好河山，拱手于敌。一九三七年八月驻守保定的蒋介石嫡系将领，河南人称长腿将军——刘峙，一溃千里，致广大同胞生命财产于不顾，河南全省危在旦夕，当时教育部令"凡已受袭击或易受袭击区域之大、中、小学一律向安全地带转迁。"河南省城开封和其他地区的一些学校纷纷迁入宛西。

通过前两天的寻访旧址、倾听故事，已经解决了许多在此次调研活动之前的疑问，为了进一步了解我校在安国村的办学史以及当地的风土人情。我们决定深入村庄的大街小巷，去采访当地村民。顺着弯曲的小路向村落深处走去，却发现乡村的夏天并没有城里那么炎热，在几棵茂密的大树下，几位老人正悠闲地坐在摇椅上，摇着蒲扇；孩子们围着大树跑着，嬉戏打闹，累得满头大汗；妇女们坐在一起，聊着家常话。我们一行人走过去，主动向大爷大妈们介绍我们的身份和此行的目的，有位大妈一听我们是河南农业大学的学生，非常开心，骄傲对其他人说，"我闺女也是河南农大毕业的，和你们一个学校呢。"边说着话边亲切地招呼我们坐下，一起聊聊天。于是我们一行人便蹲坐在大爷大妈中间，向他们询问起有关河南农大在镇平办学的故事。可能由于年代过久的缘故，几位大爷大妈并不了解当时的那段历史。这时，一位正在摇椅上躺着休息的老人坐起来说，"小时候听大人提起过有学校迁到咱安国村办学的事情，大概是三几年吧，虽然忘记了具体是哪个学校，不过因为这些学校搬到咱们村里办学，也给咱们这里带来了文化，影响了这里几辈人呢。"听到这里，旁边的大爷也打趣地问，"河南农业大学现在在哪啊？等我孙子长大了我也让他考到那里去上学。""对啊，对啊，也让咱的小孩们都去那上。"几位大妈也附和着。我们告诉大爷大妈们，"现在咱们河南农大有三个校区，老校区在郑州金水区文化路上，新校区位于郑东新区，还有一个校区位于许昌。我们几个人现在在老校区上学，欢迎大爷大妈们一起去河南农大看一看，转一转。"为了表达我们的谢意，我们几个人将自己随身携带的河南农大明信片分发给大爷大妈们留做纪念。简单道别后，我们又继续前进。

走出村庄，我们一行人来到村外的田埂上，映入眼帘的是一片绿色的海洋，一望无边。虽然田野都是绿色，然而又绿的不一样：墨绿、油绿、嫩绿，被整齐地分成一小块一小块。我们被眼前的美景深深吸引，忍不住发出"真美啊，实在是太漂亮了"的感叹。这时，一阵凉风吹来，夹带着泥土的气息，还有小麦和草木的清香，令人陶醉。远处，依稀看见辛勤的农民伯伯在为庄稼浇水。我们拿出自己的手机，希望通过拍照留念，记录下如此美妙的大自然风光。沿着田间小路一直往前走，看到路两旁生长着一丛丛牵牛花，花朵有紫的、白的、粉的，虽然不大，但是开得很鲜艳，很有精神。大概走了有十几分钟，我们又看到一汪湖水。"真绿啊!"队员们不禁发出感叹。我们加快步伐，想快一点去看一看这美丽的湖水。站在岸边近距离看，湖水是静止的，满湖碧绿的水像一块无瑕的翡翠，在阳光的照耀下闪烁着美丽的光泽。站在岸边向远处望去，湖色与天光争辉，绿水同青天斗碧。团队中恰好有一位成员是南阳人，连她自己都感叹道从来没有想到家乡会有如此美丽的风景，更不要说亲眼目睹了，并表示在实践活动结束后，一定要再回到乡下，用心去观察，去感受家乡的美丽风光。由于考虑到我们此时所在的地方已经离居住的旅馆有一段距离，便决定结束今天的调研活动，回到旅馆整理材料。

一天的调研活动，让我们进一步感受到了当地淳朴的民风以及镇平人民的热情友善，而这些也正是河南农大迁至镇平得以顺利办学的重要条件。无论身处何时何地，我们都不能忘记镇平人民曾给予我们的帮助。除此之外，安国村美丽的自然风光也让我们深深折服。正如总书记所说，"绿水青山就是金山银山。"作为新时代的青年大学生，我们认真学习习近平总书记生态文明思想理论，主动培养生态文明意识，善于从日常生活中找寻丰富的教育资源，在实践中接受教育。在日常的学习生活中，我们要积极参与生态环境保护活动，以自己的实际行动实践生态文明的基本要求，同时我们也要积极引导，带动周边的家人、朋友、同学积极投身于生态文明实践活动。当然，最重要的是我们要深刻认识到生态环境的恶化对自身生活和未来社会的危害，从而更加深刻理解我国的环境保护等基本国策的意义。

7月8日，我院党委书记李世欣，党委副书记刘海涛在团委老师的陪同下抵达南阳市镇平县，指导有关重走办学路社会实践活动的相关工作，这让我们倍感学院的关怀与鼓励。当时正值中国共产党成立97周年，我们一行人陪同领导、老师们来到彭雪枫纪念馆，缅怀革命先烈，接受红色洗礼，增强爱国主义精神。

我们了解到彭雪枫将军是河南省南阳市镇平县人，是中国工农红军和

新四军杰出指挥员、军事家，曾参加过第三、四、五次反围剿，二万五千里长征，组织过土成岭战役，两次率军攻占娄山关，直取遵义城，横渡金沙江，飞越大渡河，进军天全城，通过大草原，是抗日战争中新四军牺牲的最高将领之一。他投身革命20年，被毛泽东、朱德誉为"共产党人的好榜样"。在雪枫公园里。我们瞻仰了彭雪枫烈士像，深深表达了对彭雪枫烈士的怀念之情，随后，认真观看了彭雪枫生平事迹碑文和历任党和国家领导人为彭雪枫将军所题写的挽联、挽词。在碑文中感受到了彭雪枫将军跌宕起伏的革命生涯以及一生浴血奋战、为国捐躯的丰功伟绩。看到革命先烈鞠躬尽瘁为党、为国、为民无私奉献的感人事迹，大家肃然起敬。

　　日本侵华战争给中国社会带来了巨大灾难。在抗日战争时期，涌现出了一批批革命先烈、抗敌英雄和志士仁人。河南农业大学（当时为河南大学农学院）作为中国近代高等学府，虽几经辗转搬迁，但始终坚持在极其艰难的条件下办学，并在后方开展抗日救亡活动，为中国抗日战争的胜利贡献了自己的一份力量。作为新时代的青年大学生，我们要铭记历史，为中华民族的伟大复兴而不懈奋斗。

　　参观结束后，我们又陪同领导、老师们前往玉都安国小学，通过寻访河南农业大学办学遗迹来了解办学历史。我们虽然已是第二次来到这里，但仿佛看到农学院的师生们曾在这里坚持求索，追寻真理与智慧的光芒。我们坚信，纵然时代变迁抹去了很多原有的痕迹，但是那段被掩埋的历史却永远不会消逝。在玉都安国小学会议室，我院党委书记李世欣就"如何

保护河南农业大学旧址和如何推动学校与我院合作"与张校长进行深入探讨。他希望通过对历史遗迹的保护和修复，既给后人留下丰富生动的历史文化遗产，同时也有助于培养广大师生的荣校、爱校、兴校之心。张校长也表示，希望我校可以多多组织这样的实践活动，帮助广大学生了解河南农大的办学史。

第四节　访谈纪实

与安国村王传恒老人交谈

桂齐齐：老先生好，我们是河南农业大学的学生，来到咱们这看看学校当时办学旧址，另外看看能不能找到一些有价值的文物。想问您在这方面了解多少？

王传恒： 我今年77岁，这已经是七八十年前的事儿。当时抗日战争全面爆发了，河南省的学校都迁走了，北仓女中是迁到了狮子庵（音译），新乡过来一个搞印染的技工学校，还有可能就叫河南大学，还有什么院。

张振： 当时应该我们学校就叫河南大学农学院，其他还有医学院。

王传恒： 当时就是河南大学，来了以后，你们刚才过来的桥的北边的位置，就叫安国城，现在的地貌都被破坏了，还挺可惜的。刚解放时候国务院还有牌子，原来是一个城，整个三面环水。这个地方的土适合当水稻肥料，后来在1956年，甚至到1958年，周围的人都来挖土，运回去当肥料用，所以就把这个地方全破坏了。你们过来这条路，当时应该都很高，河南大学当时来的时候在这个上面有一个班，或者是两个班，都在寺庙里。

张振： 我们昨天去安国城小学，这个学校现在有一两间教室，还有一个房间上挂着"河南大学旧址"的牌子。

王传恒： 这还多少知道点，为什么呢？我二嫂她的父亲叫张幼鸣，幼是幼儿园的幼，鸣是大鸣大放的鸣，就是河南大学的老师，在国防部或者在农业厅工作，他当时就跟学校一直住在这。他们前面的这个地方，就叫尧庄，尧舜禹的尧。老师们当时可能就住在尧庄，但是学生们就住在南寺坊，寺庙的寺。北边的叫南四港，实际上是安国城这个地方。张老先生还生了个女儿，是在南阳生的，就取了个名字叫张淑宛。淑是苗条淑女的淑，宛是对南阳的简称，这都是70年前的事。

张振： 听以前的校友说这里有一个寺叫菩提寺，您听说过吗？

王传恒： 有。离这边还挺远的，从这出发应该有20多里地，当时的学生有喜欢玩的话，不怕远都去那边吃住什么的，应该是个景点。

第五节　启发感悟

7月5日—7月10日，河南农业大学机电工程学院重走办学路社会实践团队围绕"重走百年办学路，青春农大再出发"为主题，团队一行8人怀着赤诚之心，前往河南省南阳市镇平县，回顾河南农大抗战流亡办学史，探寻前人足迹。

镇平，注定是不平凡的地方。它有着4 000多年的玉雕历史，玉雕文化源远流长、博大精深，镇平有中华玉都之称，是中华玉文化的发源地之一。实践期间，路两边的民房也告诉我们这里居民的生活水平已经得到了很大的提高。小学校长给我们介绍了安国遗址的大致情况，原来当初农大来到镇平办学，校址就在安国遗址之上。当时条件虽然非常艰苦，但是农大师生仍未放弃，坚持授业解惑。当农大迁回郑州后，安国初中、安国小学也在这里建立起来，书香从未在这里消失，农大砥砺办学的精神时至今日依然影响着安国的教育发展。看着如今破败的砖房、残损的瓦片，历史扑面而来，这里的一切都是历史的见证，内蕴着农大孜孜办学的灵魂。

如果说第一天下午的考察是给我们辛苦路途的一杯香醇的接风茶，那么第二天我们对王传恒老人家的采访的就是一场"盛宴"。老人有着极其规律的作息时间，我们在拜访老人时，不由得吃了一惊，70多岁高龄，老人依然精神抖擞，接待我们更是十分热情。坐在他家竹林、小山、流水拥簇的院子里，听他讲述过去的求学时光，安国城的发展。老人清华大学毕业，经历艰苦的求学岁月，如今回到了家乡，经营着自己的厂子，但是文化素养丝毫不输年轻人，讲起历史来滔滔不绝。他的故事里，有不畏艰苦环境与家畜同住在腰庄的教师们，有克服困难迈着泥泞道路求学的学子，有不远十几里去往菩提寺与僧侣同吃住熬过艰难岁月的师生们，无不使我们感慨万千。老先生的哥哥是河南农业大学第一届的学生，老先生和我们讲述了他年轻时候的故事，我们也深深地感受到了当年求学的不易和老先生浓烈的爱国之情。

让我印象最深的，就是小学里面已经破烂不堪的校舍遗址。虽然原先的校舍已经毁坏，但是依稀能看见校舍之前的模样。几十年前，我们的前辈就是在这样简单的校舍，一边躲避着敌人的追击，一边进行学习。几十年后的今天，我们追寻先人的脚步，传承他们的文化。

经过几天这样的走访，原本就"娇弱"的我们有些吃不消了，我们一个个疲惫不堪，脸和脖子都晒黑了，但却没有人叫苦、叫累。自以为满腹经纶的我们可以借此大显身手，可每每遇到实际问题时却找不到答案。也正是在这时，我才真正地意识到自己所掌握的知识是那么的有限。但是在我的背后，有一个积极向上、不怕困难的团队，正可谓人多力量大。曾以为四天的相处中，队员难免会有些摩擦、争执，可大家好像很有默契似的，即使有不同的意见或见解，都会相互理解，最终通过讨论得到一致的答案。

社会实践虽然比较辛苦，但是回想起来才发觉，原来乏味中充满着希望，苦涩中流露出甘甜。通过本次社会实践活动，一方面，我们锻炼了自己的能力，在实践中成长；另一方面，我们为社会做出了自己的贡献。但在实践过程中，我们也表现出了经验不足、处理问题不够成熟、书本知识与实际结合不够紧密等问题。我们回到学校后会更加珍惜在校学习的时光，努力掌握更多的知识，并不断深入到实践中，检验自己的知识，锻炼自己的能力，为今后更好地服务于社会打下坚实的基础。

"纸上得来终觉浅，绝知此事要躬行"。社会实践使我们找到了理论与实践的最佳结合点。尤其是我们青年学生，只重视理论学习，忽视实践环节，往往在实际工作岗位上发挥得不很理想。通过实践使所学的专业理论知识得到巩固和提高，就是紧密结合自身专业特色，在实践中检验自己的知识和水平。通过实践，原来模糊和印象不深的理论得到了巩固，原先理论上欠缺的得到补偿，加深了对基本原理的理解和消化。每一天，带着一连串的疑问，怀着一份份坚定的信念，我们在烈日下奔跑着。感谢这次暑期实践活动，让我们在实践过程中成长了不少，懂得了不少。

在短短四天的实践活动中，汗水浸湿了我们的衣裤，泪水模糊了我们的眼睛。但我们选择了坚持，这是我们的无悔选择。七月，我们撒播希望，同时拥抱丰收，我们的暑期社会实践也在镇平留下了光辉灿烂的一笔。

暑期社会实践活动是大学生从象牙塔迈向社会的桥梁，它有助于大学生认识社会，了解社会，适应社会。实践活动可以提高自己的动手能力，锻炼自己的交际能力，加深对社会的认识。但是，在实践中，我们要真正走进基层，体会农民的生活，所以我们要放下学校里的纸上谈兵，放下家里的娇生惯养，虚心学习。既要有我干我能行的信心，又不能自满自负，要踏踏实实一步一步地进行，急于求成只能是欲速则不达。虽然我们是受过高等教育的大学生，但我们了解的都是理论知识并没有实际经验，或许还不如未受过高等教育的农民，因为他们在实践中总结了许多宝贵的经验。因此，我们要摆正心态，拥有一颗平常心，一颗谦虚求教的心，一颗乐观的心去面对社会。

第六节　建　议

这次假期实践我们以"善用知识，增加社会经验，提高实践能力，丰富假期生活"为宗旨，利用假期参加有意义的社会实践活动，接触社会，了解社会，从社会实践中检验自我。这次的社会实践收获不少。

1. 在社会上要善于与别人沟通

经过一段时间的工作让我们认识更多的人。如何与别人沟通好，这门技术是需要长期的练习。以前工作的机会不多，使我们与别人对话时不会应变，会使谈话时有冷场，这是很尴尬的。与同事的沟通也同等重要。人在社会中都会融入各种团体中，人与人之间要形成合力，才能使做事的过程更加融洽，事半功倍。别人所提的意见，我们都要听取，耐心、虚心地接受。

2. 在社会中要有自信

自信不是麻木的自夸，而是对自己的能力做出肯定。在多次访谈中，我们明白了自信的重要性。你没有社会工作经验没有关系，重要的是你的能力不比别人差。社会工作经验也是积累出来的，万事开头难，总归是要有自信，相信自己，拼尽全力把事情做到最好，就算失败了，那么我们至少尽力过，拼搏过。

3. 工作中不断地丰富知识

社会是不断发展与前进的，我们要想不被社会淘汰，就必须学习更多的知识来充实自己。知识犹如人体血液，人缺少了血液，身体就会衰弱，人缺少了知识，头脑就要枯竭。

4. 对学校的建议

（1）在安国城的校舍遗址，现在已经破烂不堪了，里面的房屋几乎全部坍塌。学校可以出资砌墙把遗址围起来，或者对遗址进行一些整修，挂上牌匾，上面写上河南农业大学，可与当地小学校长商量好，把房间借给小朋友们住。遗址应该得到保护，在镇平安国城应该留下一些咱们学校的踪迹。

（2）投资制作属于我们自己的纪录片。通过在公开课上播放纪录片，结合老师的讲解，让每一位学子了解今日的来之不易，体味老一辈心中的坚定信念，从而珍惜当下、少些抱怨。

第六章 抗战中的河南大学农学院
之潭头时期

（执笔：贾婉情、陈心心）

1939—1944 年，战火连天，局势飘摇，河南大学农学院为寻求一个安静的学习场所而随校迁至潭头，就此生根落户，在这个豫西小镇中度过五年办学生涯。2018 年暑期，信息与管理科学学院和食品科学技术学院社会实践小分队到此走访当时的见证人，探寻办学遗迹。这一活动，我们不仅重温了办学初心，提高了对专业的认知，而且对校史有了新的发现。

第一节 办学历程

名称： 河南大学农学院

时间： 1939—1944 年

校址： 河南省洛阳市栾川县潭头镇大王庙村

负责人： 1934—1941 年 9 月郝象吾任院长，1941 年 9 月王直青任院长。

办学缘起： 1939 年 5 月，日军发动襄东会战（即随枣会战），河南农业大学（前身为国立河南大学农学院）只得随校搬迁。潭头镇远离政治军事中心，群山阻隔，交通不便，为农学院暂避战乱、求学读书的师生提供了一个相对稳定的场所。

第二节 教学工作

在潭头时期，河南大学农学院设农学、森林、园艺 3 个系，附设农场、林场和园艺场。共有教师 31 人，其中教授 11 人，副教授 4 人，讲师 6 人，助教 10 人。院长由王直青担任，农学系由王鸣岐任主任，4 个年级共有 7 个班，学生 91 人。森林系由栗耀岐任主任，4 个年级共有 4 个班，学生 28 人。园艺学系由田叔民任主任，4 个年级共有 4 个班，学生 50 人。

在潭头期间，农学院设在大王庙村李家祠堂，占有 8 个院落，租民房 3 处分住学生，教职员均住潭头镇内，公家租房 170 间以上。并设有种籽库和仪器室；大王庙涧下地 30 亩辟为农学系专用农场，潭头寨外南菜园地 10 余亩辟为园艺系专用园艺场，甘露寺荒山辟为森林系专用林场。1940 年，河南大学又在潭头陆续扩建草房 40 余间，新建简易瓦房 16 间，并在汤池建起了河南大学温泉浴室，力所能及地改善了办学条件。1941 年郝象吾院长辞职，专攻遗传及演化的研究，院长由王直青教授接任。

在大王庙村东租得农作物试验场地 30 亩与甘露小学合办苗圃，并接管山地千亩作为栽植果树和造林之用。还在潭头寨东南租到园艺试验场地 10 亩，棉作试验场地 10 亩。在农场，一方面开始做世界小麦品种观察及肥料试验等，一方面分别开办森林及育苗之用。1940 年春，聘到毕业校友袁惠民任园艺系讲师兼农场技师。当时场内试验的夏季作物有棉花、芝麻、豌豆、花生等、秋季开学时，园艺系主任田叔民及花卉园艺讲师高淑青先后到校，森林系聘到造林学教授栗耀岐。1941 年春，田叔民自汝南园艺场购到许多名贵花卉、果树苗木，扩大了花圃及果树苗圃，并建了苹果园、葡萄园等。这年春，因孟守真年前赴临汝途中失踪，改聘郭培学教测量学。

鉴于植物病虫害研究防治事业在华北和中原的重要性，农学院特呈请教育部批准将农艺系扩大为农学系，内置农艺和植物病虫害两组，分组教学。随后聘到罗怡华讲授果品学、观赏树木及柑橘学（罗教授离校后，改请张遒惠担任），何均讲授园艺害虫及病虫害防治，肖位贤讲授测树学、林业及森林经理学，段再丕讲授测量学、制图学，林瑞年讲授农业经济学。王鸣岐兼任农学系主任，陈振铎兼任农业推广处主任。其余各系课程与农场试验均与前同。尽管条件艰苦如此，学校依旧每天安排 6 节课，有时还安排有 2 节实验课。

第三节　科学研究

抗战以后河南大学流亡办学，在极其艰难的条件下，学校仍坚持开展科研活动。王直青教授在潭头开展棉花的良种培育和推广，带领张幼鸣等高年级学生主持农场的棉作试验，繁殖成功大使棉和岱字棉，并逐步在山区推广。园艺系袁惠民、李达才、田叔民在潭头把中西佳果栽培、中西蔬菜栽培作为主要科研项目，以西红柿的种植传播为例，和学生一起在园艺场辟出试验田，把一整套整枝打杈的管理技术传授给当地群众，潭头的西红柿就是从这时开始种植的。其他如苹果、梨、瓜类、马铃薯、玫瑰香葡萄等新品种也相继在潭头山区推广种植。森林学系多次组织学生对伏牛山森林状况进行调查，发现了一些有经济价值的树种，从而兴建苗圃，培育了大批经济类树苗。

在潭头时期，农学系刘葆庆亲手培育出的小麦优良品种"河南大学H-1""河南大学H-2""河南大学H-3" 3个新品种，使当地小麦产量普遍增产15％左右。森林系在教学中增加了学生的感性知识。至今，潭头人民还将森林系师生栽种的柏树称为"河大柏"，予以精心保护。农学院师生从犁地、耙地、播种、施肥、浇水到嫁接、授粉、改良品种，都讲究科学管理。他们向农民宣传科学种田知识，耐心传授先进技术，积极推广小麦优良品种和棉花良种，并从外地引来葡萄和梨树，帮助潭头农民逐步养成了科学种田的习惯。

河南大学命名之后，学校还编辑出版综合性的刊物《河南大学校刊》和《河南大学周刊》，两刊登载公牍、布告、规程、校闻、记录、文苑等，专门开辟了学术研究园地。

第四节　社会贡献

国立河南大学师生联合当地士绅在潭头寨共同创建"七七中学"、"伟志小学"和"伊滨中学"，同学们为这些学校代课，传授知识，把先进文化和知识带到这偏远的山乡，潭头从而成为豫西文化重镇。迁到伏牛山区的河南大学师生与当地人民鱼水情深，患难与共，彼此信任，相互支持，结下了令人难忘的友谊。千余名大学生也分散居住在群众家中，他们把房东当亲人，教群众识字、学文化，帮助群众做力所能及的农活。中共地下党员和进步学生在群众中开展革命教育，宣传党的抗日民族统一战线政策，更加深了河南大学学生与当地群众之间的血肉联系。河南大学给原本闭塞落后的山区带来了文明和科学，使山区面貌发生了变化。

在艰难困苦的环境中和困难重重的条件下，河南大学师生团结一致，矢志不移，努力创造一流的教学水平。1942年，省立河南大学改名为国立河南大学后，抓住历史机遇积极延揽名师，想方设法留住现有人才，克服种种困难，使教学工作持之以恒，科学研究力求创新。其间教育部考绩，河南大学名列第二，上课总时数为全国之冠。1944年，经国民政府教育部综合评估，河南大学以教学、科研及学生学籍管理的优异成绩，被评为全国国立大学第六名，在中国抗战时期高等教育史上写下了值得自豪的一页。河南大学严密组织，严格要求，把好入学关、教学关、考试关和毕业关。1939—1941年河南大学共毕业学生210人。

1942年，参加全国高校联合招生。招生考试非常严格，学校派出教授分别到各考点参与或主持招生工作。河南大学历次招生，考生来源都比较充足，录取新生选择余地较宽，如1943年计划招生120名，而报考者竟达3 000余人，录取比例为1：25；1945年，在宝鸡、西安两地招生时，报名学生在2 000人以上。

第五节　重走日记

7月5日　星期四　晴

清晨，我们的成员按照预定计划准时集合，从河南农业大学出发，共赴潭头开展社会实践活动。历经4个多小时的车程，我们团队于中午时分抵达洛阳市栾川县潭头镇，经过短暂的安排与休整，我们开始了第一天的实践活动。

整装待发

当天下午，按照预定计划，我们分为两个小组：第一组赴当地校友家中开展采访活动；另一组赴大王庙村了解河南大学农学院办学旧址情况。第一小组成员在信息与管理科学学院团委辅导员王肖肖老师与食品科学技术学院团委杨光老师的带领下，拜访当地资深校友及知情老先生，聆听前辈们讲述那段艰苦办学的历史。在场的有张石章老先生、任景岳老先生及其家人，两位老先生从"办学渊源与办学旧事、学校师资力量与教学模式、学生学习情况与课外活动、潭头惨案与抗战事迹、学校为当地人带来的影响"五个方面为团队成员详细讲述了抗战期间河南大学农学院在流亡期间的办学之路。

与前辈合影

另一小组成员徒步前往潭头镇大王庙村。到达村里之后，同学们发现大王庙村的房舍错落有致，大多建于半山坡上，斑驳的泥墙两侧挂满河南农业大学的前身（河南大学农学院）的许多师生及过去生活的老照片，同学们认真观看上面的内容，细心记录下照片中的一点一滴。走完整个大王庙，队员们深感自豪，风雨飘摇，坚持在抗战一线的国立河南大学农学院，以独有的自强不息、百折不挠的精神，激励着一代又一代的农大学子。

为了让潭头人民更加了解我校，同学们在潭头镇发放河南农业大学招生宣传页，为当地居民宣讲我校各个院系的专业及相关招生情况，热情地为大家详细解答各类疑惑。

潭头办学期间的校刊

7月6日　星期五　多云

潭头镇四面环山，沿着镇口向东出发，上午 10 时，我们到达了国立河南大学抗战时期潭头办学纪念馆，在讲解员的引导下，我们深入了解了河南大学农学院在抗战时期的办学历程。与此同时，通过观看纪念馆中河南大学农学院的相关照片及描述，大家对抗战时期我校在潭头镇的五年历史有了全方位的认知。同学们勤学好思、不懂就问，将自身所了解的办学史与流亡路线相结合，每当讲解员讲述完一段历史之后，同学们及时地表达出自己的疑惑，在讲解员的耐心解答下，均得到了更深一步的认识。参观完纪念馆，大家来到一层欣赏 56 级校友张石章老先生的书法和字画，并在纪念

参观纪念馆

馆前合影留念。国难当头，人人自惶，农学院的师生却一如既往，在土墙教室中读书上课，在桐油灯下不懈钻研，在试验田里挥洒汗水。

下午，同学们来到充满历史纪念意义的河大潭头附中（前身为七七中学）进行参观。在潭头附中，同学们走遍学校的每个角落，观摩当时农学院森林系学生在此处种下的两棵柏树。在归途中，通过我校印制的"农业农村经营调查问卷"，了解当地农业经济现状，力所能及地为当地乡亲们提供相应的合理建议，以及发放十九大精神宣传页，帮助当地老百姓进一步学习十九大内容。

在纪念馆前合影

在潭头附中合影

7月7日　星期六　晴

今天，副校长谭金芳、校督查办主任张朝阳、校团委书记马菲、原校图书馆党总支书记吴海峰等人走访慰问社会实践成员，信管学院党委书记王红艳、党委副书记易振、副院长户小英，食品学院党委副书记魏玮、团委书记李蓓蓓、团委副书记杨光等人全程陪同走访。

谭校长及院领导慰问学生

下午时分，全体人员参观了国立河南大学抗战时期潭头办学纪念馆。该展馆共分为5个展厅6个部分，展出了大量历史照片、文字资料、影音资源以及曾陪伴广大师生的老物件，生动形象地向我们再现了当年师生筚路蓝缕、栉风沐雨的办学旧事。通过观看馆中陈列的相关资料和图片，大家对抗战时期学校在潭头镇的五年办学历史有了全面了解。与此同时，56级校友张石章先生将亲笔书法赠予母校，表达他对"河南农业大学校友"这一身份以及对母校愈久愈浓的深情。

学校领导与当地有关人员在潭头附中举行座谈会，追昔抚今，展望未来。学校领导表达了对潭头人民的感谢，表示将积极推进学校与潭头的合作，促进学校和地方共同发展。

在河南大学潭头附中校门前，有两棵常青树郁郁葱葱、坚韧挺拔，1942年3月，"省立河南大学"改为"国立河南大学"，全校师生欢欣鼓舞，特植河南大学农学院森林系师生精心培育的常青树以作纪念。如今

校院领导参观纪念馆

的河南农业大学也定会如当年河大农学院所植柏树一样不断发展，走向新高度。

谭金芳副校长与潭头镇镇长会谈

　　随后，全体人员参观大王庙村国立河南大学农学院办学遗址，察看了学生的教室、宿舍、食堂、种子库、仪器室及当年培育栽种的"河大梨"。阳光映照在斑驳的旧墙上，我们仿佛看到昔日我校莘莘学子的音容笑貌，他们曾在旧土墙上凿壁偷光，借着屋外的阳光仔细品读手中的每一本书，认真钻研桌上的每一道题。

　　最后，全体人员到潭头镇石坷村看花岭悼念在潭头惨案中牺牲的师

校院领导参观办学旧址

生，鞠躬默哀，敬献花篮。走近看花岭，大家情不自禁地望向了那块见证了抗战期间残酷历史的纪念碑。石云秀老先生就着微风给我们讲述了曾发生在这块土地上的潭头惨案，每一个人都静默伫立、凝神细听，我们看见的是不忍直视的历史，听见的是他们内心沉重的呐喊。

在这期间，学校领导亲切慰问了团队成员，并激励同学们要继承和发扬先烈不畏艰苦、追求真理的精神，坚持在生活中拼搏进取，在学习中脚踏实地，做新时代的大学生。

谭金芳副校长哀悼惨案逝者

师生悼念惨案逝者

第六节　调查访谈

宝剑锋从磨砺出，梅花香自苦寒来。我校历经流亡、百折不挠，才愈有建树。为考察我校前辈在抗日期间步履维艰的流亡办学之路，传承我校前辈不畏艰苦、敢为人先的精神信念，2018 年 7 月 5—7 日，信息与管理科学学院和食品科学技术学院组成的暑期社会实践团队赴洛阳市栾川县潭头镇开展以"重走百年办学路，青春农大再出发"为主题的爱校荣校社会实践活动。

此次社会实践活动为期三天，活动内容丰富多样，人员分工明确，同时队员们积极主动，各抒己见，灵活应对各类问题，在同学们的共同配合下，活动取得了圆满成功。本次社会实践活动分为活动前期准备、活动期间进行、活动后期分工三大块内容，具体工作内容如下：

（1）组建社会实践团队，确立团队指导老师、队长、队员、团队名称与活动主题。

（2）确定社会实践的地点、时间、活动内容以及活动方式。

（3）准备社会实践活动所需物资，团队服装、横幅、旗帜、宣传资料、调研问卷、笔记本电脑、摄像机、优盘、签字笔等活动开展的必备物资。

（4）提前同实践地点取得联系，筹划好食宿交通。

（5）计划好社会实践活动的每天具体任务安排，并做好应急预案准备。

（6）为每位同学购买保险，并做好安全宣讲，提高队员们的安全意识。

此次社会实践活动圆满完成预期任务，调研报告由小组成员共同完成。组长对调研报告进行详细分工，每位组员认真工作，积极配合，齐心协力地圆满完成团队任务。调研内容主要分三块：

（1）记录实践期间主要开展工作。

（2）整理本次工作中的线索，将采访、录像、录音等内容转换为文字材料，整理学校在潭头办学期间的完整过程。

（3）整理本次调研在各方面的收获感悟。

一、访谈

2018 年 7 月 5 日，团队成员拜访张石章先生与任景岳先生，通过人物访谈的形式，了解我校在潭头镇的办学历史。

忆往昔峥嵘

1. 问：您是哪一年在河南大学上学的？

答：1956 年第一班学生，1955 年盖的房子。1956 年开始招收学生，我是第一届学生，当时只盖好了房子，房子外面院子里面全是砖头瓦砾，造房用了 2 000 余元，50 间房子只用了两袋水泥。条件艰苦，校本部就在这里。原来是庙宇，新中国成立后就烧毁了，1955 年重新开始建造。

女生宿舍

社会实践团队成员合影

低低的土坯房，学习的殿堂

办学旧址，今昔对比

2. 问：张老先生的上学经历是怎样的？

答：我是 1935 年生，今年 83 岁，于 1956 年考入河南大学农学院，农学专业，当时共有 10 个班。1960 年毕业。河南大学于 1939 年迁入嵩县潭头镇。

3. 问：刚开始河南大学农学院的学生是从老校区搬过来的吗？

答：第一批是这样的，后来招生范围又扩大了，但是人数还是不多，我记得 1956 年那一届只有 17 个学生。

4. 问：当时我们学生有没有志愿参军的？

答：有，当时学生参军是一件十分光荣的事情，骑着大马，戴着大红花，师生都会去欢送。

5. 问：学校会组织哪些活动来提高学生的爱国意识？

答：表演以爱国为主题的话剧，组织学生们参加演习，给学生们讲述日本侵略者的残酷手段，组织爱国游行等。

6. 问：您清楚当年发生的惨案吗？

答：这个大概都记得，日军对潭头发动袭击，有一部分尚未转移的师生遭遇到日军。那时候文学院有个学生叫朱绍先，刚开始他听说日本人来了，只带着 300 本书，别人都带吃的喝的，这就是学生。转移的时候，第一天，日本人没赶回来，第二天，还没有，到第三天，他回去的时候，老师还劝他不要回去，他硬要回去，回去就遇见日本人了，日寇用刺刀把他的肠子挑断了，当时有几个人把他救到家里，那个面汤从嘴里喂进去，又从肚子里流出来。那个时候从河南大学的仪器室里找了几根管子，接到肠子上，这算是能吃东西了。从北边走的那几个人遇到日军也都被杀了。

7. 问：您有什么记忆深刻的事吗？

答：当时日军专门找学生，看着穿学生衣服的就对他们下手。有个村民把自己的衣服跟一个学生换了换，想让学生趁机逃走，那时候日军抓住人要看看手，手上没有茧子的就是学生。还有一个学生在外面，说自己的书本还没有拿，他返回去找他的课本，就被日军发现了，那个学生跟日军缠斗，被日军用刺刀杀死了。

8. 那个时候搬迁的地方距离那么远，都是怎么过来的？

答：当时大部分地方都是走着的，有时候走个把月，背着东西，大家离开肯定也不舍，但是要找地方学习，就跟着大部队一起搬迁。

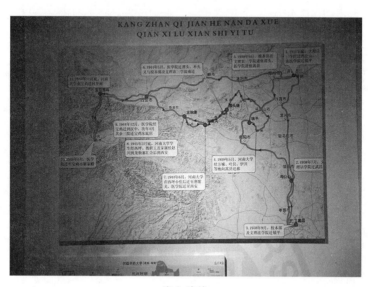

流亡路线

9. 当时的学生生活是什么情况？

答：当时的学生还讲课，吃了饭，在土路上步行去上课，上了课之后，就回家吃饭，中午也回家吃饭，下午还得来，晚饭又回去，忙完了之后，开始上自习。自习是点油灯，不是煤油，是桐油，就是咱种的大桐树油，比棉油要好些。吃完饭，很有意思，有会拉的，有会唱的。京剧，那时候不叫京剧，叫二黄，还有评剧嘞。学生来自四面八方，我好像有印象，在我家住那个都是河南的，42年之后，由国立改为省立之后，有没有省外的就说不清了。

学生很艰苦，吃饭都是地方上给磨的面，当地的百姓帮他们磨的，都是石磨嘛，磨完面，拿去做饭。

二、潭头惨案

抗日战争时期，中国各级各类学校教育遭到日本侵略者的极大摧残。战区、沦陷区的学校被迫迁徙，广大师生背井离乡，在颠沛流离中不仅难觅安心读书求学之所，甚至随时可能遭遇日军的血洗惨杀。1944年5月15日发生的河南大学师生蒙难的"潭头惨案"即是一例。

1944年5月14日夜，日军挺进队由嵩县桥头、罗庄、北店集结前进。在蛮峪街西南，与第一战区117师等部遭遇，双方一度激战后，中国军队向旧县方向撤退。日军在大章一带发现写有"河南大学××先生宿舍"字样的门牌，在搜索中发现教学器材仓库一座，日军当即将其抢劫一空，包括德国蔡斯公司制造的新显微镜52个。日军继续西进，在旧县、西营先后受到中国军队的阻击，但攻势未挫。此时潭头一带，中国守军主力大部被调往豫陕边一带，仅有的两连兵力难以顾全全镇的防守，致使日军有机可乘。

5月15日上午，两路日军攻入潭头镇。当时大雨滂沱，山洪陡发，未及撤离的河南大学师生四散逃避却无从安身。盲目奔逃的人流在往北山途中突然遇敌，日军骑兵开枪射击，当场6人死于非命，农学院院长王直青和段再丕教授等20名师生被俘。身背经纬仪的助教吴鹏为保护学校教学仪器与一名日本兵厮打，被当场杀害。

王直青和段再丕教授被强迫身扛枪械等重物在山路随行，稍一慢步即遭毒打。不堪受辱的王直青乘敌不备，纵身跳下山崖，幸被一农民营救得以生还。文学院学生孔繁韬和一女生痛斥日军暴行，竟被日军用铁丝捆绑，刺了几刀后扔进一口深井丧生。医学院院长张静吾与妻子吴芝蕙、侄子张宏中、助产士任锡云、化学系学生刘祖望和医学院学生李先识、李先觉一行7人结伴逃难。途中被日军所俘，张静吾跳入深沟、任锡云挣脱绳索避入一空屋中侥幸逃脱，而吴芝蕙则被连刺数刀身亡，张宏中食管被刺4刀死里逃生。面对惨无人道的日军，刘祖望、李先识夫妇、妹妹李先觉表示"宁死不受辱"，三人一起投井自尽。

在这场空前的劫难中，河南大学死难师生及家属达16人，失踪25人。教室、实验室被洗劫一空，房屋被焚，图书典籍被付之一炬。历经五年呕心沥血营造的深山学府，在日本侵略者的炮火下毁于一旦。幸存的师生在饥寒交迫中踏上了继续流亡之路，6月，学校迁进豫鄂陕交界处的淅川县荆紫关，图书损失殆半、仪器设备不全，几无继续办学的条件。次年春，再度西迁，最后至陕西省宝鸡附近，直至日本投降。在抗日战争时期高等院校内迁的记载中，河南大学是最早内迁的高校之一，也是迁徙次数最多的高校之一。

三、看花岭

看花岭，是栾川县潭头镇石坷村边的一面小山坡，坡上，一座坟茔静悄悄地坐落在那片郁郁葱葱的柏树林中。岁月沧桑更易，坟茔几经修缮。然而，村子里的李家人义务护墓的故事，从未中断。

这座坟茔里安葬的，是在"潭头惨案"中被日寇杀害的三名河南大学（简称河大）师生；为师生护墓的，是石坷村村民李忠贵一家三代人。这一护，就是70余载……

在"潭头惨案"中，部分来不及转移的河大师生共计被杀16人，失踪25人。河大潭头附中原校长姜晋森近年致力于搜集有关史实资料，他说，日军异常残暴，他们看到穿着像知识分子的，或理新式发型的女青年，就格杀勿论。

当天，避险回村的石坷村农民李永信在村边野枣林附近，发现了三名河大师生，其中两人已经死亡，另一人身受重伤。李永信和家人将那名负伤的学生抬回家中照料。然而，这名学生腹部已被日寇严重捅伤，由于条件艰苦，缺医少药，三天之后，这个学生还是没能挺过来。

李永信通过死难师生身上的私人印章等，知道了他们的身份：吴鹏，河大农学院森林系助教；辛万龄，法律系学生；朱绍先，文学院学生，就是受伤后死在他家的那名学生。后来，李永信与村民一起，将三名师生的遗体抬至村东的看花岭，一一掩埋。他还找来三块砖，找人刻上了师生的姓名，分别埋于坟前。把三名师生掩埋后，李永信就一直看护着这三座坟茔。在后来的漫长岁月中，随着知情村民的纷纷去世，这里慢慢成了大家眼中的无主荒坟。但话语不多的李永信一直把这几座坟放在心上，把坟看护得很好。每年农历二月初二和十月初一，李永信就会带着家人，爬上看花岭上坟扫墓。

李永信的二儿媳胡爱竹，于1970年嫁到了李家。在她的印象里，公公李永信是一个老实厚道，但心里很有主意的庄稼人。胡爱竹说，她嫁过来后，发现李家回回上坟，除了上自家的祖坟，还到看花岭祭扫三座荒坟。后来，听家人讲述了坟的来历，她对公公李永信平添了敬意，以后每年上坟前，她就自觉多准备些贡品。

40年前，李永信老人去世。然而，为河大死难师生上坟扫墓这个义举并没有中断，承担起这个责任的，是李永信的大儿子李忠贵。

看花岭下，小小的石坷村是安静的，见有外人来，村民纷纷从依坡势错落而建的房子中走出来打招呼，朴实的方言中透着热情。就是这些有情有义的普通人，包容、延续着我们的文化之脉。李忠贵一家三代的护墓义举，就像村旁无名小河的吟唱，并不惊天动地，却那样深沉动人……

四、扶农重农

河南大学农学院在潭头办学期间积极宣传农业科学知识，推广先进技术。潭头地区耕作技术极其原始，农学院针对此种状况，大力宣讲科学种田，推广先进技术，广大农民受益匪浅。

1942年春，小麦黄锈病蔓延，农民深受其害。农学院农艺系教授王鸣岐细心观察研究，发现此病是由伏牛山一带所产黄柏、淫羊藿等叶上黄锈病菌飞散后传播于小麦所致。于是，积极采取措施，控制了这种病虫害，使小麦获得了好收成。

1942年秋，豫东蝗虫成灾，洛阳嵩县一带人民十分惊恐。农学院陈振铎教授积极率领同学防治，使蝗害得以控制。农学院师生还开设"一病一治"讲座，每周一次，介绍病虫发生原因与防治方法，展示标本，配合图片，普及科学知识，为推广农业生产技术做出了极大的贡献。

农学院师生攻克难关

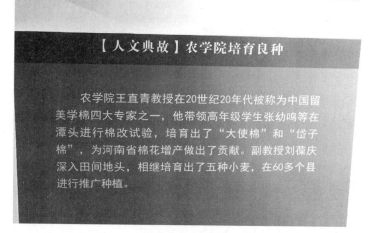

农学院培育良种

五、英雄事迹

李德瀛： 1944年1月，临汝、宜阳相继沦陷，洛阳、嵩县告急。5月11日中午，经校务委员会紧急研究决定，师生员工一律撤出潭头，学生集中到大青沟，教职工及眷属暂避于重渡。5月12日清晨，先行撤出潭头的师生携带少量干粮和简单行装，于傍晚到达大青沟，借宿农舍或棚檐下。当晚大雨滂沱，3日不止，千名师生困厄山中，幸得农学系学生李德瀛家开仓救急，发给麦子每人若干，得以暂解饥荒。

某青年、老人： 农学院院长王直青院长、段再丕教授被迫为日军担挑运输。日军离潭头西上，王直青院长身背钢枪5支，并且双手各提1篮鸡蛋。两位老人在30里道上惨遭毒打，王院长在秋扒附近的羊肠路陡岩上，猛然跌入山崖，滚到河边大石旁，日军连发两枪，认为他已被打死，继续前进。一天后，潭头附近一青年看见了王直青跌崖时被风吹掉的礼帽遗在路旁，又往南一瞧，见崖下有人，随即跑下，后有一老人赶到，认出这是大王庙村的王院长，二人把王直青轮流背送至潭头。

常太俊和常姓村民：段再丕身负大捆钢枪，到伊河南坝，段再丕要求方便，日军让他走进麦田，前进的日军不停，后到的日军不知，段教授得以爬向坝南村中一常姓村民家中，在那里休息两天，才知该村为卢氏县（栾川原为卢氏县管辖）辖区。后遇农学院学生王太俊，扶到他家中，整整住了一个月。

阎虎娃：《植物学大辞典》主编、植物分类学家黄以仁教授，年已古稀，从潭头逃出后，妻子、儿子一家三口被潭头河南坡农民阎虎娃冒着生命危险，藏在家里达一月之久，时值黄教授病重，阎虎娃夫妇像对待自己的父亲一样精心照料。病情稍有好转，阎虎娃雇了两个民工用担架将黄教授送到荆紫关。黄教授由于受了惊吓，至荆紫关后竟一病不起，含恨而逝。

56级校友资料

大王庙村及沿途群众：日军攻陷潭头时，农学院图书仪器虽遭受一些破坏，但经群众及时抢救，当地无人偷拿，并且代为看守。日军走后，大王庙村村民分别担挑抬背，全部运到荆紫关。潭头事变，农学院图书仪器比文、理、医 3 个学院都较完整，不能不归功于大王村群众的协助。从潭头到荆紫关沿途村镇广大群众得知河南大学师生蒙难，无不慷慨相助。只要是河南大学师生过往，纷纷留宿献食，带路送行，视若亲朋。

书画作品

第七节　新的发现

经过几天短暂的相处，小队成员在和两位老师的访谈中得知张石章老人为我校 56 级校友，曾任栾川县第二高中（原七七中学）校长、栾川县政协副主席、洛阳市书协会员，现为当地著名书法家。其家中依然保留着河南大学农学院学习时的课本、上课笔记、作业等，其毕业证书放置在档案中，这些珍贵的资料，充满文化底蕴，可从其中了解到当时河大农学院的办学条件、师资力量、学生的学习热情等。

大学笔记

任景岳先生，曾为七七中学学生，热爱园艺，对河南大学农学院在潭头办学时期的故事较为清楚，目前仍然种植牡丹，其牡丹种子为当时河南大学农学院培育，具有珍贵的收藏价值。

充满青春校园的记忆

恰同学年少，风华正茂

　　70 多年前，河南大学流亡到潭头办学，经过与当地协商之后，农学院在南地建起了一个花卉蔬菜实验基地，专门培育新的花卉蔬菜品种。潭头农民任世俊喜欢养花，常到南地基地帮忙，提供工具，建立温室，久而久之同河南大学花工成了朋友，相互学习、切磋技艺。后来花工赠给任世俊一株牡丹和一颗黄月季，以表友情。

　　1944 年 5 月，日军进犯潭头，杀害了部分未来得及转移的河南大学师生，制造了骇人听闻的"潭头惨案"，师生们精心培育的花卉也被摧毁。幸运的是，任世俊在自家院内栽种的这株牡丹得以幸存。在任世俊的精心照料下，这株牡丹长得枝繁叶茂。1963 年，任世俊的侄子任景岳搬来，照顾年迈的大伯。在任世俊的影响下，任景岳也喜欢上了种花养草。任世俊去世后，任景岳把这株牡丹移栽到自家小院，此时这株牡丹的株龄已有 20 多年，长得一米多高。此后，这株牡丹曾被人以"破四旧"为名把枝干铲断。幸运的是，任景岳发现它的根并没有被毁掉，他偷偷地给牡丹浇水施肥，第二年竟然抽枝发芽了。受任景岳的影响，他的儿子任汉周也开始照料这株牡丹。

　　任景岳老先生今年 76 岁，培育花卉已有 30 余年。我们在与老先生交谈中得知，牡丹被毁后重生到现在，当初的那株早已开枝散叶，经移栽分成了 3 株。其中两株于两年前移栽到河南大学，剩下最后一株经与老先生交谈后，赠予河南农业大学。

聆听前辈的讲述

第八节　启发感悟

7月5日至7月7日，河南农业大学信息与管理科学学院和食品科学技术学院"重走百年办学路，青春农大再出发"社会实践团队来到了栾川县潭头镇开展了为期三天的寻访校史社会实践活动。

7月5日下午三时，团队分为两个小组分别向大王庙村和校史知情人任景岳老先生家出发，在此之前，同学们了解到在潭头办学期间，河南农业大学（国立河南大学农学院）在大王庙村开展了为期五年的办学历程，学生与当地村民鱼水情深，患难与共，结下了深厚的友谊。

1. 重走大王庙，回顾办学史

一组成员携带河南农业大学招生手册、十九大精神宣传单向大王庙方向进发，在路途中向当地村民发放招生手册、书签，并向当地人介绍有关河南农业大学现今情况。走进大王庙村，土墙壁上印满了当时国立河南大学办学情况的照片，队员们看见了当时的种子实验田、老师，还有历经风雨的教室……农学院师生给当地居民带来了假"柿子"番茄，发明了"岱字棉"，推动了整个栾川文化、农业、教育的发展。走完整个大王庙，队员们深感自豪。风雨飘摇，坚持在抗战一线的国立河南大学，以独有的自强不息，百折不挠的精神，激励着一代又一代的农大学子。

2. 文化在传承，影响几代人

二组成员前去拜访任景岳老先生，初入老先生家中庭院，便被庭中盆景、奇石、雅竹吸引住了目光，庭院虽小，却别有风致。队员们从与老先生交谈中得知，庭院由老先生一手所建，在室内看到的书画也多是任老先生所作。老先生谈起国立河南大学的办学历史，便谈起了当时农学院培育的牡丹，说着便从里屋拿起一本书来，原是老先生自己所著《青泰山人诗集》，他指出一段文字来给大家看……畅谈正欢时，门外慢慢进来一位老先生，精神矍铄，步伐稳健，坐下交谈得知，老先生原是 1956 级河南农学院学生张石章先生。"河大为栾川带来了文化的种子，影响了几代人"。张老先生这样说道，国立河南大学在潭头办学时，张老先生正上小学，他看到了课程的多元化，看到了新的教育、医疗机构，看到了当地居民的改变，他的老师苗叔陶为国立河南大学老师，对他的成长产生了极为正面的影响，最终激励着他考入河南大学农学院，最后留到潭头任教。国立河南大学师生们的到来，为潭头这个闭塞落后的山区带来了文明和科学，影响了当地几代人的成长。

今天的社会实践让大家更了解到我校抗战时期办学路上的艰辛，加强了爱校荣校兴校的责任感，激励着我们继续为母校发展做出努力。

3. 五年潭头办学路，不忘初心学子行

2018 年 7 月 6 日是河南农业大学 116 岁生日，上午九时，团队成员前去参观国立河南大学抗战时期潭头办学纪念馆，在讲解员的解说下，我们对我校在潭头时期的办学历程有了更加全面的了解，同时对于我校在潭头五年办学期间为当地人带来的影响有了更深刻的认识。纪念馆中有着更为清晰的发展历程和相关照片，按照顺序一路走来，团队成员深深地感受到抗战时期坚守在抗战一线的学子们身上的那种"乐学、善学、好学"的精神，这种精神激励着农学院师生不断努力，继而推动了当地整个教育、文化、农业的发展。

下午三时，食品科学技术学院党委副书记魏玮一行人来到了栾川县潭头镇，寻访到了农大前身河南大学农学院老校友张石章先生。谈起那段烽火中的岁月，老先生眼中充满怀念，正是国立河南大学师生们的到来，给他心间播撒了文化的种子，从而激励他最终成为了河南大学农学院的一名本科生。

也许是那个时代特有的学子精神，张老先生的学习笔记密密麻麻，工整有序，一沓沓笔记与实验报告仍旧完整干净保存在主人手中。翻开纪念册，老先生把老照片按照时间顺序排开，构成了张老先生记忆中的求学岁

月。河南大学农学院带给他的，不仅仅是为期四年的大学生活，还有在农学院五年潭头办学期间就已浇筑在心中的求学、乐学、善学的梦想。离开大学的张老先生留到潭头任教，偏好学习的他博学多才，自学俄语、小提琴、中医，对待学习的态度与精神令人敬佩有加。

张老先生身上的精神，到现在依旧熠熠闪光，我们追寻校史，追寻的就是这种榜样精神与农大精神，这种精神激励着农大一代代学子不断成长。

4. 昔今梦同，薪火相承

2018 年 7 月 7 日，"七七事变" 81 周年，为激励广大青年学子铭记历史，感恩当下，河南农业大学副校长谭金芳、校督查室主任张朝阳、校团委书记马菲、原校图书馆党总支书记吴海峰等人来到了栾川县潭头镇看望社会实践学生，信管学院党委书记王红艳、党委副书记易振、副院长户小英，食品科学技术学院党委副书记魏玮等全程陪同走访。

国立河南大学农学院作为河南农业大学前身在抗战时期潭头办学长达五年之久，影响了当地几代人的成长。一行人首先来到了国立河南大学抗战时期潭头办学纪念馆，在讲解员与老校友的解说下，对潭头五年办学历史有了更深刻的了解。56 级校友张石章老先生将亲笔书法赠予母校，表达对母校的感激之情，当地校史知情人任景岳老先生将当时农学院师生所培育的牡丹赠予学校，愿我校繁荣发展，再创辉煌。

七七中学（现潭头附中）作为国立河南大学师生兴办的教育机构，在当地颇负盛名，校名"七七"又与"七七事变"相偕，其意铭记历史。一行人在此参观了国立河南大学潭头办学纪念碑与当时农学院森林系师生栽种的河大柏。随后，学校领导与潭头镇镇长及潭头附中校长在潭头附中内举行交流会。

大王庙村作为农学院主要办学地点，推动了整个栾川农业的发展。一行人参观了大王庙村国立河南大学农学院办学遗址，包括农学院种子实验田、教室、宿舍等，以及在潭头办学期间培育的河大梨。深入大王庙村，同学们似乎回到了那段抗战中的求学岁月，一起与前辈先贤们感受那段烽火中的生活。

五年的平静生活被一声枪响打破，1944 年 5 月，潭头惨案发生，学校被迫迁徙到陕西宝鸡附近。最后，一行人赶赴潭头镇石坷村参观潭头惨案纪念碑，说起那段故事，随行的老人石云秀说道"那天正是 5 月 15 日，那天晚上大雨滂沱，天气恶劣，他们向北山转移，在石坷谷中遭遇日军，当场死伤 6 人……"那段历史听来惨痛，一时墓碑前静默无声，我们现在的安逸生活，是无数先烈前辈的奋斗得来的。我们要铭记历史，是为了继往开来，一行人在纪念碑前献上花圈，鞠躬默哀，依次献花。

百年农大，昔今梦同，薪火相承。八年流亡办学岁月，在抗战硝烟中仍旧坚守学习的前辈先贤，激励一代代农大学子继承发扬自强不息、百折不挠的精神，脚踏实地，书写人生华章。

时光匆匆，在潭头学习的三天已经过去，期间我们拜访我校当地资深校友、走访我校在潭头的办学地点、走进潭头纪念馆学习等，这些活动令我们得到了心灵的触动与洗礼，老前辈们不惧艰险、敢为人先的精神也使大家受到了震撼。这些前辈们在炮火纷争、困难重重的年代里，依然不忘认真学习、报效祖国，而艰苦的环境只会让他们更加勤奋努力。五年内，他们不仅在科研成果上有很大的成就，还帮助当地民众创办了七七中学、伊滨中学等学校，极大地改善了当地教育条件。

团队成员在寻访校友时了解到，我校在潭头办学的五年内，潭头人民从衣食暖饱、教学基地方面均给予了我校大力支持，我校也为当地人民治疗小麦黄锈病、防治蝗虫灾害、研发高产高质的岱字棉，并为当地带来了番茄、红薯、苹果、葡萄和梨等新品种，极大地促进了当地的农业生产。抚今追昔，感慨万千；展望未来，任重道远。河南大学农学院在潭头办学的五年，是艰苦卓绝的五年，是历久弥新的五年。载着对前辈的敬仰，我们重温了我校在潭头办学期间的办学经历，在这期间感触极深。

炮火纷争，学习不止：我校 1939—1944 年在潭头办学期间，正是八年抗战期间，为了抵挡、阻止日本侵略者对我校师生的残害，学校只能不断地迁移校址、转移办学地点以保证师生正常的学习与生活。抗战期间为躲避战乱，河南大学（当时我校前身为河南大学农学院）共迁移多达八处。纵然如此，师生们依然勤奋努力，即使只剩下一位老师，也从未耽误学生们的课程。纵然师生众多、环境复杂，大家依然没有丧失信心，在校方的组织下，做出了许多贡献，比如研制出了抵抗黄锈病、黑锈病的种子等，在农业生产方面的科研成果备受瞩目。在潭头惨案发生时，有一名学生为了拿回自己在教室的书籍，不幸被日军发现，惨死于屠刀之下。

坚忍不拔，誓死抵抗：潭头惨案发生时，河南大学师生并未全部安全撤离，助教吴鹏被俘期间为保护学校仪器与一名日本兵厮打，最终被当场杀害；农学院院长王直青不堪受辱，纵然跳下山崖，幸被一农民营救得以生还；医学院院长张静吾与妻子吴芝蕙等一行 7 人结伴逃难，途中不幸被日军所俘，张静吾跳入深沟逃生，吴芝蕙身中数刀身亡，刘祖望、李先识夫妇、李先觉四人不堪受辱，跳井身亡。这些活生生的案例带给后人许多警示，在这场劫难中，死难师生及家属多达 16 人，失踪 25 人，他们中间有的宁死不屈，有的为保护仪器与日军周旋，有的不堪凌辱自尽身亡。为了保护教学仪器，为了自己的学业，他们宁愿付出自己的生命，这样凛然大义的精神十分令人敬佩。

爱国护国，以己当先：在走访老前辈张石章、任景岳老先生时，曾听他们说到当时河南大学在潭头办学期间，依然会排演抗日救国话剧、进行爱国主义教育等，还有一些同学毅然选择参军报国。在当时复杂的社会环境下，他们依然顽强抵抗、不顾生死，心甘情愿为保卫国家而奉献自己。

心怀感恩，不忘回报：我校前身河南大学农学院在潭头大王庙办学期间，受到当地父老乡亲的诸多帮助，他们不仅为学校师生提供住所、学堂，更在潭头惨案发生时帮助师生保护学校仪器。当地人民的这些援助，师生们看在眼里、记在心中，他们帮助当地创办七七中学、夜校等，废除了当地裹脚的习惯，也带去了棉花、红薯、番茄、莴苣、梨等蔬菜作物，为当地农业的发展提供了很大的帮助。现在的潭头镇依然以农业为主，主要种植小麦、玉米等作物。

在过去的日子里，我校与潭头结下了深厚的不解之缘，我们感念潭头人民为我们的付出，同时深深意识到，我们广大青年生逢其时，也重任在肩。老先生口中的岁月荡气回肠，老先生记忆里的农大师生默默躬耕，看着纪念馆里珍贵的历史照片，抚摸着前辈曾留在此的书桌与生活用品，大家似乎看到了在那个风雨飘摇的年代，农大人自始不变的坚守。纪念碑前的深深一躬，是对过往的尊重与怀念，是对未来的希冀与期盼。重走百年办学路，青春农大再出发，让我们带着过往的欢笑与泪水，牢记责任与担当，继承和发扬前辈们的优秀精神。爱校荣校，我们义不容辞。

第九节　建　　议

经过三天的学习，我们充分认识到了前辈们的艰苦卓绝与举步维艰，也全方位地了解了我校在潭头办学期间的历史，这让我们深刻地感受到了历史文化的源远流长。纵然一些史料依然无法证实，部分历史我们无从得知，但我校师生在潭头办学期间刻苦努力、爱国护国的精神永远值得我们学习与弘扬。

在重走办学路的过程中，我们曾寻访到一位老奶奶，在和她沟通的时候，我们深刻感受到了老奶奶希望我校能够与潭头镇进行友好往来，希望我们对当地农业发展提供一定帮助，对当地务农人员进行知识培训。在与几位老先生的沟通中，我们得到了许多未曾了解到的历史，也从他们口中得知了许多有关我校前辈们的先进事迹。综合上述情况，我们整理出以下几条建议：

1. 牡丹归根，情缘不老

任景岳老先生所种植的牡丹，系河南大学农学院教授于潭头办学时所赠，随着学校与潭头逐渐恢复、重建往昔之亲情，我校师生频繁往来于潭头，老先生也允诺将牡丹归根学校，特此纪念这份两代传承的情缘，记录学校在历史的风雨飘摇中存下的点点温馨。

2. 情系三农，扎根潭头

目前的潭头镇依旧处于以农业为主的自然经济状态，从事农业工作的人员众多，学校今后应不断加强与潭头镇的沟通往来，建立良好的合作关系。

3. 薪火相传，再续前缘

学校可考虑每年暑假派出一支小分队，以不同的方式进行社会实践活动，如支教活动、宣讲农业知识等，以加深学校和潭头镇之间的交流，促进校地友好往来。实践同时，可督促同学们了解学校历史、学习前辈精神，使学校精神建设更上一层楼。

4. 教育帮扶，弘农兴校

据了解，当地群众极其重视教学活动。学校可以为当地的潭头附中捐款、捐书等，扶持当地教育，在新时代继续体现学校与潭头的深厚情谊。

5. 爱校荣校，铭记历史

学校可邀请几位历经早年办学的前辈前往我校参与爱校荣校专题讲座，使师生们能够更加立体地了解本校历史，了解我们的前辈是如何在艰苦的环境中刻苦钻研、勤奋拼搏，秉着科学、严谨的态度研究出一个又一个优秀的科技成果。

第七章 抗战中的河南大学农学院
之淅川时期

（执笔：王竞娴）

1944 年 5 月—1945 年 3 月，抗战豫南战事吃紧，1944 年 5 月 11 日，经校务委员会研究决定，全校师生员工撤出潭头，转移途中遭遇日军，师生多人蒙难，图书仪器遭到破坏。一路历经艰辛、饱受磨难，最终在南阳淅川县荆紫关镇落脚短暂办学。1945 年 3 月，因日军发动豫南鄂北战役，农学院决定继续随校本部迁往陕西。

当时农学院是在荆紫关镇魏村小学（旧址）办学，一座小四合院，条件极其艰苦。尽管在如此艰辛的条件下，学生们仍勤奋学习，还帮助周围村民推广农业技术、解决农业上的问题。

短短月余，又面临被迫西迁。2018 年 7 月，河南农业大学园艺学院"重走百年抗战办学路赴淅川荆紫关"暑期社会实践团队在院团委副书记冯帅老师的带领下，到淅川荆紫关走访当时的见证人，探寻河南农业大学办学遗址。前期校团委马菲书记和王娟老师先行来到淅川荆紫关，联系到了魏村小学现任校长，农大师生第一次找到了魏村小学旧址，这是此次重走办学路的重大发现。马菲书记向我们提供了魏村小学刘长忠的联系方式，这为我们后续跟进提供了便利。此次活动，我们不仅深刻体会到当时农大学生求学不易，重温了办学初心，更让我们时刻珍惜现在的学习环境，而且对校史有了更进一步的发现。

第一节 办学历程

名称： 河南大学农学院

时间： 1944 年 5 月—1945 年 3 月

校址： 淅川县荆紫关镇

负责人：河南大学校长王广庆，河南省新安县东乡掌礼沟人；河南大学农学院院长王直青（任期1941年9月—1946年8月）

办学缘起：1944年1月，临汝、宜阳相继沦陷，洛阳、嵩县告急，学校决定师生员工继续搬迁，历经月余，陆续到达淅川县荆紫关镇。河南大学农学院在抵达淅川县荆紫关镇后，开始了短期办学，1945年3月被迫西迁，辗转于西安、宝鸡等地继续办学。

第二节　教学工作

系部设置：在荆紫关办学期间，属于河南大学农学院时期，时任农学院院长为王直青教授，在搬迁过后，仍保持了农艺、森林、园艺三个系：时任农艺系主任为王直青教授；森林系主任为李达才教授；园艺系主任为田叔民教授。

教职工：当时各系所开主要课程及授课教师是：

农学系：植物生理、遗传——郝象吾；食物作物、棉作、特作——王直青；农业经济、农业合作、农场管理——何一平；昆虫分类——陈振铎；土壤肥料、化学——李燕亭；植物病理、作物育种、生物统计——王鸣岐；动物、植物、生物——张祥卿；农学概论、农场实习——刘葆庆、徐正斋。

森林系：测树、森林利用、森林经理——李达才；造林学前论及本论、森林利用——林渭访；树木学、植物分类——黄以仁；造林学后论、林政学、造林学各论——黄菊逸。

园艺系：花卉园艺讲师——高淑青；讲师兼农场技师——袁惠民；教授——田叔民。

试验场站：在抗战期间，尽管条件艰苦，教师们仍坚持教学研究，在荆紫关镇魏村小学旧址不远处，还留有农学院师生实验田，不过由于迁走后无人管理，现为一片橘子园。

第三节　科学研究

王鸣岐兼任农学系主任，陈振铎兼任农业推广处主任。其余各系课程与农场试验均与前同。

总之，抗战八年，尽管师生到处流亡迁徙，但每到一处，只要安顿下来就即刻上课。有时因条件所限，学生们只有一块木板、一只木凳，教师只能口述手写，学生随堂抄记，教学条件的简陋是难以想象的。尽管如此，学校每天都安排 6 节课，有时还安排 2 节实验课。但因搬迁许多仪器丢失，在当时的条件下并不能做科学研究。

第四节　重走日记

7 月 9 日　　星期一　　晴转多云

河南农业大学园艺学院"重走百年抗战办学路赴淅川荆紫关"实践团队在院团委冯帅老师的带领下，一行五人从文化路校区出发，到郑州长途汽车中心站乘车前往南阳市淅川县，经过将近六个小时的车程，下午四点半终于到达淅川县。下车后，我们按照原定计划来到了淅川县委史志办。史志办公室毕虎成副主任十分热情，我们遂在毕主任带领下一同查阅了《淅川县志》等文献资料，并听毕主任讲述了一些自己从老领导那里听说的情况。团队成员了解到 1944 年 5 月河南大学迁入荆紫关镇，农学院设在魏村小学旧址，地方偏僻，但现在还不了解具体的地址。当时的校本部在镇南街火星阁创办了幼稚园，开创了淅川县幼教事业的先河。1945 年 3 月被迫西迁，辗转于西安、宝鸡等地继续办学。由于年代久远，县志办相关资料并不充裕，我们并未从县志等资料中找到当年关于这段历史更加翔实的记载。

团队成员与县史志办公室毕虎成副主任进行座谈

淅川之行，似乎甫一开始，便同这阵雨的天气一般，蒙上了一层阴云。但队员们没有气馁，再次从毕主任处获知可前往淅川县图书馆查阅更多的文献，并建议我们去荆紫关镇实地考察走访。咨询结束后，团队成员与县史志办公室领导合影留念，对他们提供的帮助和资料表示感谢。

团队成员与县史志办公室工作人员合影

7月10号　星期二　小雨

团队成员决定先前往荆紫关镇当地探寻，早上8点，团队在微朦雨色中从淅川县城出发，前往荆紫关镇。一路虽阴雨连绵，但沿途回转之间，山川秀色，着实给队员们平添了一股欢欣与动力，无形中似乎也预示了今天的荆紫关之行会有一个好的结果。

实践团队于中午十点左右抵达荆紫关镇，按照校团委马菲书记为我们实践团队提供的荆紫关魏村小学校长的联系方式，我们联系到了魏村小学现任的刘长忠校长，和已有70周岁的原文化站工作人员周建华老师（周建华，荆紫关魏村人，生于1948年，他从小就在魏村小学学习，并于1970—1978年在魏村小学教学，比较熟悉学校的历史情况）。1944年，河南大学农学院搬迁至荆紫关镇后安置在荆紫关魏村小学旧址处。周老师讲，在搬迁之前，那里曾是一座娘娘庙，现在还被保留着。队员们非常兴奋，期待在旧址中可以发现更多的收获，感觉自己离当年的农大学子们越来越近。于是刘校长带领着我们一起前往魏村小学的旧址进行考察。

穿过几条小巷，到处都是低矮的房屋，略显凄清。校门已经坍塌，穿过校门首先映入眼帘的就是墙上"肃静"两个大字，历史的画面仿佛浮现在眼前。周建华老先生边指着房子边回忆道，农学院当时是由四间房屋组成的一个小四合院，从左边进去第一间房子是老师办公的地方（四个老师一间屋）。进入庭院，院子里蔓生杂草，有两棵红松矗立，院内一条卵石小道仍清晰可见。两边的房间是学生学习上课的教室，经过岁月的洗礼如今已破烂不堪。后殿挂着一面牌匾，上面书有"会议室"三个大字，进入房间环顾四周，还存留着当年的旧物。这里的一屋一瓦，不知沉积了多少年的灰尘，却依旧存留着历史的气息，也能看出当时对教育的重视程度。

团队成员表示，虽然这里校址修复起来很困难，但我们应该好好保护下去，这种精神都值得我们学习发扬。前殿内还有耳房坍塌后遗留的一扇木窗，前期马菲书记和魏村小学刘校长沟通，希望能把这扇木窗捐赠给河南农业大学校史馆，作为农大办学历史的见证实物，在农大校史馆留念珍藏。我们与刘校长沟通之后，刘校长表示非常赞同我们的提议，他说这样能够让农大同学们更加了解校史，让更多的农大学子体会当年办学之路的艰辛。

立身于低矮的房屋内，环视着发黄的墙面，梁上曾经的题记，恍惚之间，团队成员仿佛身临当时农大先辈在此求学的年岁，虽身经战乱流离但他们依旧刻苦学习，面对乱世砥砺奋进，他们的精神值得我们每一位农大学子学习，也发扬了我校现今"明德自强、求是力行"的校训，身为当代农大学子，更应艰苦奋斗、努力学习！

在结束魏村小学旧址的参观后，刘校长建议我们去当时另一处办学旧址——荆紫关高中。我们一行人出发前往，进入校园，右手边便是当年的老校址，亦是当年农学院师生的又一驻足之处。院内有一株350多年历史的皂角树。半个多世纪之后，我们作为当代农大学子，重回此地，访旧寻史之间，树下朗朗之声犹然在耳，走着看着，一股自豪感便油然而生。今日行程结束后，团队成员都对今天刘校长和周老先生的热情解答和帮助表示了由衷的感谢，希望能够为重走办学路作出一点贡献，希望明天会有更多的发现。

当天结束行程之后，此情此景下，团队成员费嘉乐同学作诗一首：

戊戌年五月廿七访河南农大抗战办学旧址
——淅川荆紫关镇魏村小学

我们在上午的烟雨中出发
去探访农大先辈的足迹

一路乘车所见

细雨微朦，山色空胧

苍林树海，薄雾峰头

昔日书声已不复

但芳草丛内

残垣窗棂间

仍可感受

那砥砺峥嵘

往昔读书岁月

梦回灯前红松下

青碧台上两叶生

如今盛世太平

农大学子亦免于流离

得一安身治学之所

不学在此

特向前辈先烈

致敬

团队成员在魏村小学新址留影

农学院办学旧址（魏村小学旧址）

农学院办学旧址（魏村小学前殿耳房窗户）

农学院办学旧址（后殿）

荆紫关高中（原河南大学校本部）

师生曾在皂角树下学习

7月11日　星期三　晴

按原定计划，我们一行五人来到了淅川县图书馆，在地方文献阅览室，我们以荆紫关地方、抗日战争时期、教育方面等为主要关键词，专门查阅地方文献和河南文史资料中关于河南农业大学在荆紫关镇留下的痕迹，包括查找回忆录、地方志等书籍，找到一些当时和学校校长王广庆一起工作的人的回忆录，深入了解到当时校长和老师们如何带领师生眷属千余人从嵩县潭头迁到荆紫关，一路艰苦跋涉，逃避战乱，又如何在荆紫关艰苦的条件下坚持教育。

翻着发黄的书页，心有所触，那朴实无华的字里行间充满着师生们对教育的坚持和农大学子不为环境所屈服的奋斗精神。在书中我们又重温了当年战争时期学校搬迁的历史，感受到求学之路的不易，更深刻体会到当时办学的艰辛，更加认识到我们现在要努力学习，不负前辈心血的使命与义务。身为新一代的农大学子，我们要更加严格要求自己，要不负使命，砥砺前行！

淅川县图书馆门前合影

在地方文献专栏查阅资料

7月12日　星期四　晴

昨日，团队成员向学校主管领导汇报此行的进展和收获。今日，校党委副书记李成吾，校团委书记马菲，图书馆原党总支书记吴海峰，校团委王娟老师等一行人，一大早便从郑州出发，来到了淅川县荆紫关镇魏村小学，向团队成员进行了慰问，并对我们此行的收获和不足给出了意见。随后李书记同魏村小学刘校长对下一步的实践活动进行了深入交流，并对我们的实践团队寄予了很高的期望。

在魏村小学新校区会议室，李书记表示，魏村小学在1944年我校困难时期对我们提供帮助，今后两校要加强联系与沟通，发挥农大现有的师生资源优势。今后河南农业大学会在支教等实践活动中对魏村小学提供全力支持，发挥农大的人力资源优势，推广先进的农业技术，有助于培养广大师生爱校、荣校、兴校之心，通过加强沟通交流从而助力乡村振兴。刘校长非常赞同，他说此举既锻炼了学生的能力，又为荆紫关古镇增添一份新力量，他十分欢迎各位农大学子来到古镇实践学习。

座谈结束后，领导老师与团队成员在魏村小学新址举行了重走百年办学路社会实践基地揭牌仪式。随后李书记一行人和团队成员又一同来到了魏村小学旧址，参观了旧址，与老乡交谈，并再一次对旧址的保护做出了肯定，对赠送窗户表示了感谢。在魏村小学旧址不远处有着一片当时的试验田，不过由于迁走后无人管理，现已是橘子园。随后，李书记一行人来到了荆紫关高中，参观了农学院众师生曾经的学习之处。考察结束后，各位老师与团队成员合影留念。

领导慰问并与刘校长进行座谈

举行重走百年办学路社会实践基地揭牌仪式

校领导与团队成员在荆紫关高中合影

校领导与团队成员在魏村小学旧址

校领导与团队成员在魏村小学旧址合影

第五节　调查访谈

7 月 10 日与周建华老先生的交谈

冯帅老师：周老师您好，我们是河南农业大学园艺学院重走百年抗战办学路的实践团队，听刘校长讲，您对当年魏村小学的情况比较熟悉，想向您了解一下 1944 年河南大学农学院在这里的办学情况，知道这段历史的人越来越少，希望您可以提供些更细致的线索，可以吗？

周老先生：没问题没问题，我带你们去那旧址看看，那房子也荒废很久了。边说边指着当时遗留下的房屋，跨过前殿进入里面，左三间右三间共六间。

我是魏村人，小学的时候就在魏村小学读书，荆紫关魏村小学的地理位置特殊，那时候陕西、湖北等与河南交接的农村，方圆近百里的学生都来这里上小学，以前的生源非常好。我后来高中毕业后在魏村小学当民办教师，在这里教了 8 年书，以后又到荆紫关镇文化站工作，一直到退休。其实对魏村小学历史最了解的，是我当老师的时候魏村小学的老校长，这么多年没有联系了，不知道他现在在哪里。他年龄现在应该有 90 多岁，他对这个学校的历史知道的比较多，对建国后魏村小学的发展也做出了很多贡献。

历史再往前推，这里在清代是座娘娘庙，清末民初，过去的学校好多都在庙里。这里面好多都是原始的没人动。他摸了摸一扇破旧的窗户接着说：这是前殿耳房的窗户，那时候的窗户是用棍子撑起来的，前殿耳房坍塌了之后，这扇窗户就放到这里来了。

邓晗：确实啊，哪个时候的房子大多都不完整了，这座房子保存得还比较完整。

一行人继续向里走，看到了挂着"会议室"牌匾的屋子。

周老先生：你看这梁上还写着道光二十六年，河南省南阳府淅川厅所建，这都已经是很老的建筑呀，若不是因为当时这里地处偏僻，在那个时候农学院肯定是不可能在这里落脚的。

7 月 10 日与旧址附近村民的交谈

到达旧址后，附近村民见到我们陆陆续续前往那破损的小四合院的前门，都很好奇我们是干什么的。冯帅老师向他们解释了我们的来意后，问道："您好，请问您在这里居住了多长时间？您知道这座房子以前经历了什么吗？"

村民们若有所思地想了一会儿，回答道："我们没在这里住那么长时间，但之前好像听长辈们说过，河南大学农学院在这里办过学，也没办太长时间又搬走了。还说那会儿学校学生们经常去地里和他们一起干活，一起学习技巧，帮助村民如何生产高质量的粮食。还说那学生们都很勤奋，夜晚还见屋里灯亮着。"

邓晗：那时候真是不容易啊，我们应该向他们学习，学以致用，才能努力为国家作贡献。

第六节　新的发现

在 7 月 10 日实践的第二天，我们经过多方联系和魏村小学刘校长、周老先生碰面后了解到，1944 年河南大学农学院搬迁到荆紫关魏村小学的时候，原来是座娘娘庙，地方不大。周老先生还记得那个地方，因为周老先生就在魏村小学上小学，还在那里教了 8 年书。于是，我们一起前往那座见证岁月的变化、曾经教书育人的地方。那座小四合院挨着一片田野，现已经被风雨冲刷得只见发黄的墙面，不过庆幸的是，整座房子的主体还很完整，有些角落墙砖瓦砾已经显露，主房还留有一扇木质窗户，上面的镂空木雕还保存得很好。经过前期马菲书记的努力，我们把这扇窗户和一些瓦砾带回学校校史馆以做留念珍藏。这次重走办学路，团队成员们也觉得非常幸运，我们跟随马菲书记的足迹，竟然第一次找到了当年农学院办学的具体位置，还带回了值得留念珍藏的物件，为我校历史增添了新的发现和内容，同时我们更是近距离地了解了关于农学院在那里发生的故事，心有所触。

第七节　启发感悟

1. 感悟

中间我们一同前去旧址，当时还下着细雨，旧址周围野草被雨水洗得绿润发亮，四合院特别像老家那时候住的房子，确实太小了，一边看一边想，当年的学子是如何自习如何听课如何住宿的。当年河南大学为避免战乱，找到这里，避开敌人的追杀，在荆紫关镇的一个小四合院中继续办学，可想而知这是多么仓促。远远望去都是残垣的墙壁，空荡荡已经长满杂草，墙上毅然留着"肃静"二字。推开主房门，屋子阴暗狭小，听那里的老先生说学生们都坐在院子里学习，环境艰苦，但学生们依旧勤奋学习，不忘初心，与恶劣条件做斗争，大半年下来都是如此，随后又辗转宝鸡等地继续走抗战办学路。

踏上探寻办学之路的旅程，心中有期待也有惆怅。我们出发之前已了解一些资料，却真的很难想象他们当时的状况，一路上都在思考那是怎样的一个环境，是什么力量让他们执著地坚持。离目的地越来越近的时候，我们看着窗外，山体环绕，有的路面崎岖，也没有多少高楼，却能感受到那厚重的县城文化。

团队成员感慨道，一开始只是通过参观我校当年办学的图片、珍贵的回忆录以及史料，重温当年的历史。成员们在真实看到并触摸到留下的墙屋瓦片后，才更深刻感受到了革命来之不易。触动心底，体会到要努力学习，不负前辈使命，以及深深的自豪感。身为新一代的农大学子，我们更加有义务努力提升自己！

2. 启发

战争磨炼人的意志。我们翻阅地方志，读到关于当时对王广庆校长的回忆录，几个老师带领千余学生从嵩县撤出，在荆紫关稍作安顿，又面临粮食、资金等问题，师生一起面对困难，无所畏惧，还帮助周围村民。因为这不屈不挠、不卑不亢的精神，大家在荆紫关暂住了半年之多，再次辗转。带领我们参观的是现魏村小学刘校长和文化站站长周老先生，他们都非常的热情，向我们详细地说明并讨论了现在荆紫关镇的发展状况，敬佩我校学子求学路上的不易和坚持，感慨这几十年镇上发生的巨大变化。13日校党委副书记李成吾，校团委书记马菲等一行人前来慰问并举行揭牌仪式，和刘校长对下一步的实践活动进行深入的交流座谈，希望两校可以加强沟通交流，助力乡村振兴。总有一些记忆，藏在历史的长河中。总有一些人，成为这些历史的缔造者。一所学校的创建与发展，是一个时代教育发展的缩影。

团队成员说我们现在实在是太幸福了，便利的交通，舒适的环境，老师们的新教学新思想，我们还愁什么呢？愁的是自己如何好好珍惜这来之不易的机遇。一九四几年还在打仗，新中国还没有成立，更没有改革开放，可想国家经济的发展和人民的生活水平是怎样一种状况，在这种条件下依旧不屈不挠，从未放弃，还帮助周围村民解决粮食问题。回看我们现在舒适优良的教学环境，实在相差太多，尽管如此我们更不能忘记当时的办学精神，没有他们的坚持不懈，我们何以进步自强？

回想现在的我们，何时愁吃不饱穿不暖的问题呢？我们过着幸福的日子，我们生活在和平年代，每天什么也不用担心。按常理说，我们每个人每天有许多时间来获得知识，但实际是相反的。据调查，全国的大学生都普遍存在上课玩手机的现象，期末也是临时抱佛脚，但我希望从今往后，我们大家都能够将老一辈人的精神传承并发扬下去。

3. 收获

团队成员表示：在和当地人交谈中了解到现在的荆紫关镇发展迅速，明清一条街等旅游景点相继开发，走在乡间小道上可以明显感觉到空气清新，两边农作物种得满满的，道路两旁清洁干净，青山绿水自然清新。国家的发展为广大劳动者提供了机遇，历史已经过去，但从根上留下的精神要传承下去，去感染一代又一代青年学子，勇往直前，砥砺前行！

当我们亲自去探寻办学遗址时，才能感受到当时办学条件的不易。为了不辜负当时人们的艰苦奋斗，我们更应该沉下心来，努力做好当前该做的事情。老一辈农大人在战火纷飞的抗战时期一路颠沛流离坚持办学，这种严谨求实的办学精神值得我们每一个新时代的农大人学习。愿我们秉承"明德自强、求是力行"的校训，弘扬"弘农爱国、厚德质朴、求真创新、包容奋进"的农大精神，我们更要不负使命，共创农大的辉煌！

第八节　建　议

参加了这次社会实践活动之后，我们也想提一些自己的建议。首先是同学们对校史的了解程度。大部分同学对本校的了解可能只是停留在入学手册上的学校历史沿革，并未真正意识到学校对于校史的开发、探索以及宣传的重视。因为现在的大学生未曾经历过那段艰苦的岁月，未曾历经也就未曾体会，所以希望学校以后大力号召同学们参与校史的探索中来。

其次，修复我校办学路上的大部分校址可能会有困难，我们需要好好保护它们，历史应该被铭记，激励一代又一代的农大学子勤奋学习，发扬不卑不亢、勇往直前的精神，珍惜当下的不易。

由于第一次去实践，大家准备不是很充分。建议同学们以后可以开展相关课程进行培训，或是跟随专业人员一同前去。在此呼吁更多的农大学子去了解校史，学习校史，怀爱校、荣校、兴校之心，不忘初心，砥砺前行！

第八章　抗战中的河南大学农学院
之宝鸡时期

（执笔：宋盼盼、周晶晶、张明瑞、刘欣）

1945 年 3 月—1945 年 8 月，因日军发动豫南鄂北战役，农学院在荆紫关难以存留，决定随河南大学迁往陕西省宝鸡市。2018 年暑期，重走办学路理学院、体育学院暑期实践团队到达宝鸡市走访当地村民，寻找办学遗址。百年农大，筚路蓝缕。百年沧桑，栉风沐雨。这一活动，我们不仅重温了办学初心，提高了学好专业的认识，而且对校史有了新的发现。

第一节　办学历程

起始年月： 1945 年 3 月，因日军发动豫南鄂北战役，农学院在荆紫关难以存留，决定随河南大学迁往陕西宝鸡。步行 800 里，于 4 月中旬抵达陕西宝鸡。

终止年月： 1945 年 8 月，抗日战争宣布结束。12 月从宝鸡迁回开封。

校名： 河南大学农学院

校长： 王直青

第二节　教学工作

教学工作： 尽管当时条件简陋，但同学们专心读书，勤学苦练。在教学上有了很大的起色。

系部设置： 有文、理、农三个学院

教职工： 500 余人。

试验场地： 西北农学院试验场

第三节　重走日记

7月9日　星期一　阴

一大早，我们就在文化路校区北门集合，一起去车站坐车，空气潮湿，有点难受。

下午，我们在徐老师的带领下，第一次来到了陕西省宝鸡市陈仓区。在去石羊庙的路上，发现当地差不多已经达到了小康水平，道路也是水泥路，让我们感觉到了中国的进步。但是当地的口音却有很大的不同，为了寻找办学的旧址，我们在公交车上就开始问当地村民是否对1944—1946年河南大学办学的情况有所了解。在抵达石羊庙村后，当地村民却说有两个石羊庙，一个是老的，一个是新的，而我们所处的旧石羊庙正是当时河南农大农学院办学的地方。

团队成员凌晨从河南农业大学出发

当地村民很热情地带我们进了石羊庙，为我们讲述当地石羊的传说，还告诉我们西城高级中学当时也是河南大学农学院的所在地，还说李西城老师比较了解当时的情况，他当时在宝鸡中学任职。和石羊庙的负责人告别后，我们便继续前往李西城老先生的家里，李西城老先生证实了河南大学在此迁移的过程，但是因为时代久远，记不清具体经过。

我们又回到西城高级中学，决定去拜访一下校长，收获颇多。经过一天的努力，我们才返回住所，为明天养精蓄锐。

团队成员与李西城老先生交流

7月10日　星期二　阴

通过昨天一天的走访，我们决定去相关单位询问一下，看看还有没有当年的文史资料，今天我们前往了宝鸡市地方志办公室和宝鸡市陈仓区档案局。

在宝鸡市地方志办公室，我们与地方志办公室负责人杨军同志沟通后，杨主任说会大力支持这次活动的，而且他们现在也在筹备编写《宝鸡抗战志》，肯定会有教育方面的内容，到时候一定要多多交流。

在宝鸡市陈仓区档案局，我们费了好大工夫才翻阅到了《宝鸡县志》，其在"高等教育"一节中提到"民国二十六年（1937年），中原地区遭受日寇飞机轰炸，河南大学、焦作工学院、黄河水利专科学校，由河南省迁来本县，分别在卧龙寺、虢镇、硖石赵家坡办学。抗日战争胜利后，三院校先后迁回原址。时至1983年，县境尚无高等院校设置。"

团队成员寻求工作人员的帮助

7月11日　星期三　阴

昨天的走访虽然有所收获，但是不尽如人意，我们准备多查阅资料，于是去了宝鸡市图书馆。但是最终还是收获不大，对当时的情况都是一些只言片语。好在晚上石羊庙那边有点消息，期待明天的探访。

7月12日　星期四　小雨

今天的行程有点困难。我们上山了，因为下着小雨，道路泥泞不好走，但我们依旧不懈努力，继续前行。队里几个女孩子穿的还是小白鞋，最后都成了小泥鞋了。

不过，也算是皇天不负有心人，我们找到了曾住过学生的一处旧房子遗址，还有山上的窑洞；收到了老人捐赠的房屋的砖头瓦片，感觉上面的泥质都是古董。

团队成员一起找窑洞

7月13日　星期五　阴

一大早学校党委副书记、工会主席李成吾，校史专家、校图书馆原书记吴海峰等七位老师也来到了宝鸡市，要对我校在宝鸡的办学旧址进行实地考察。老师们一到宝鸡就来这边了，对当地的一些老人慰问，中午老师们还同西城高中校长焦宝军进行座谈。与西城高中共同设立"河南农业大学重走百年办学路社会实践基地"，并举行揭牌仪式。

短短几天的调查实践生活，就要结束了，坐在回郑州的火车上，感觉自己棒棒的，见证了学校的很多很多，也算是为农大尽了一份力！

第四节 调查访谈

一、调查

7月9号下午在理学院团委老师徐向楠的带领下，实践团队第一次到达宝鸡市陈仓区千河镇底店村石羊庙、西城高中所在地。在当地村民的带领下，看到了这个已被风雨磨损的石羊以及我校学子当时在山上居住的窑洞。

到达石羊庙时，石羊庙正在修缮，团队在石羊庙中联系到负责修缮的马师傅，了解到在1944—1946年，因为战乱的缘故，我校曾在宝鸡办学14个月。当时的办学地址就是如今的这座石羊庙。据马师傅所言，当时河南大学农学院和医学院来到了石羊庙办学，面积有十几亩，当时的办学区域现在分别建成了石羊庙和旁边的西城高级中学。

马师傅讲到石羊庙是一个有故事的地方。传说有一对石羊在这里，福佑人们。有一天他们听到天神将降灾人间，别的牲畜都升天逃了，两只石羊却奔走向人们传递消息，它们的行动震怒了天神，天神打伤一只石羊，受伤石羊留在石羊庙，变成原型石羊。另一只赶紧向东奔跑，继续传递消息，去了河南方向。人们为纪念这只石羊，就建了庙宇，叫做石羊庙。

现在留存下来的这个已被风雨磨损的石羊，便是我校曾经在此办学的见证。

团队拜访了任职宝鸡中学初建时的李西城老师，李老师的说法也证实了河南大学在此迁移的过程，时代久远，记不清具体经过。

7月10日到12日，实践团队分别前往宝鸡市地方志办公室和宝鸡市陈仓区档案局，翻阅资料，查找历史资料。

7月13日校党委副书记、工会主席李成吾，校史专家、校图书馆原书记吴海峰等七位老师来到了宝鸡市，对我校在宝鸡的办学旧址进行实地考察，并与西城高中校长焦宝军进行座谈。

二、访谈纪实

1. 访问

时间：7月9日

地点： 李西城老先生家里

人物： 徐向楠老师，李西城老先生

徐向楠： 当时的学校大概有多大面积？

李西城： 十几亩地。

徐向楠： 还有其他的了解吗？

李西城： 后来改成了西安二中，现在是西城高中。

徐向楠： 您知不知道附近有比较熟悉相关情况的？或者比较年长的经历过那个阶段的老人？

李西城： 现在都已经不在了，毕竟时间过去那么久了。当时因为飞机轰炸，所以都来到了宝鸡。

2. 座谈

时间： 7 月 13 日

地点： 西城市高级中学会议室

人物： 河南农业大学校党委副书记、工会主席李成吾；校史专家、校图书馆原书记吴海峰；校史专家、校办公室副主任督察办公室主任张朝阳；校团委书记马菲；档案馆副馆长周剑林；理学院党委副书记李兴旺；校团委老师王娟；理学院团委老师徐向楠。

西城高级中学校长焦宝军；工会主席李金林；组织部主任张秉忠；王博老先生；王友生老先生；马师傅。

李兴旺： 重走办学之路来到了美丽的陕西省宝鸡市，这里非常富有文化底蕴。在这里我有一个非常亲切的感受，因为在 1945 年的时候，我们河南农大在这里曾办学一年多的时间。非常感谢校长以及各位的热情接待，下面我给大家介绍一下河南农大的各位领导老师：他们分别是校党委副书记、工会主席李成吾；校史专家、校图书馆原书记吴海峰；校史专家、校办公室副主任督察办公室主任张朝阳；校团委书记马菲；档案馆副馆长周剑林；校团委老师王娟；理学院团委老师徐向楠。我是来自理学院的党委副书记李兴旺。也给各位领导老师介绍一下，这位是西城高级中学校长焦宝军；工会主席李金林；组织部主任张秉忠；以及到场的各位老先生们。非常高兴能聚在我们都有共同办学经历的地方一起交流座谈。下面

请马菲书记介绍一下此次重走办学路活动的安排和背景。

马菲： 尊敬的焦校长，各位领导、老师，各位父老乡亲们大家好！此次活动是我们学校开展的大学生暑期三下乡活动，"重走农大百年办学路，青春农大再出发"是我们暑期社会实践的专题，就是把我们学校历史上办学过的地点，尤其是抗战期间办学过的五个地点，组织社会实践小分队去挖掘当年河南农业大学历史上办学的点点滴滴。这个活动的背景是在党的十九大报告中习近平总书记提出：要培养"一懂两爱"的人才，懂农业、爱农村、爱农民。为了贯彻十九大精神，落实我校的办学精神"弘农爱国"，我们便从校史入手，开展重走办学路活动，也是对我校学生最好的一个教育素材。尤其是抗战的八年期间，我们从当时的河南省会开封出发，流亡到南阳镇平，又辗转到栾川，之后又到了淅川荆紫关，从荆紫关到了贵地陕西宝鸡石羊庙。在这整个过程中，我们一直坚持办学的同时，还坚持着抗日救亡，坚守着"弘农爱国"的主线。所以，李成吾书记专程来看望我们的师生，也是对当年以及现在老师表示我们的敬意，这也是我们这次活动的主要目的。到了本地以后，焦校长以及各位老师和父老乡亲们，给予了我们大力支持和持续关注，在此我深表感谢。除此之外，我们也希望通过这次活动，把我们的友谊和联系建立起来。焦校长的父亲本身也河南大学的学生，这样我们之间的纽带就更加亲密了，我们不仅从地缘上是一家人，从血缘上也是一家人。当时我们一路颠沛流离到宝鸡，这里接纳了我们。贵校是以艺术为中心的学校，我们学校也有艺术类的院系以及专业，也有园林规划、城市规划等的专业，在这些方面我们可以共同探讨未来的合作方向。如今河南农大经过不断成长已经成为河南省省属重点高校，贵校觉得我们双方有哪些可以合作的地方我们会竭尽全力地做好。既然我们已经达成合作意向，暑期河南农大的学生会常态化地来贵校与中学生结对帮扶，助力贵校的发展。也欢迎各位领导老师，到河南来、到郑州来，到我们学校来做客、来指导工作，让我们双方有更加深入的交流和合作。

李兴旺： 下边请焦校长就学校的基本情况，以及自身经历来跟大家谈一谈。焦校长的父亲是河南大学 1946 年的毕业生。

焦宝军： 首先非常欢迎各位领导老师的到来，见到诸位老师和同学们倍感高兴。我们学校如果没有当年河南大学在石羊庙办学的经历，就不会有石羊庙高中到现在的西城高级中学。在我的家中，直到 80 年代还保存着当年办学时用过的用具等。今天你们的到来，你们开展的重走百年办学路对我而言是一种启示，回去后我要整理一下父亲的遗物，看看有没有当年在河南大学学习时的相关材料等。再次欢迎各位的到来，希望我们能保持长久的联系。

李金林：我们学校的器材室如今还保留着写有河南大学字样的实木办公桌，非常的沉，需要四五个小伙子才能抬得动。2008 年地震时，我们将桌子搬到器材室，保存至今。

李兴旺：我建议可以找专家鉴定一下。

李金林：这张办公桌一直留着，就是因为它是当年河南农业大学留下的东西。

李兴旺：非常感谢你们对学校东西的保管和爱护。接下来请王博老人回忆一下当时的办学情况，让我们也能够更加深入地了解一下当时的办学场景。

王博：学校迁来的时候，我当时 12 岁，还是个孩子。学校过来的时候先是在西安二中建了两排教学楼，因为日本飞机的轰炸河南大学后来搬到了这边。大概是 1943—1945 年之间的事情，待了一两个学期就走了。当时是河南大学的农学院和工学院，统称为河南大学，后来日本投降的时候，还建了一个篝火场地，唱的是河南戏，上课也是在这个地方上课。老人记得小时候，学生上课都是在板子上上的，牌子上写的是河南大学，有人在那里写书法，所以也有人说是文学院。有时候学生们会住在窑洞，没有专门的宿舍，房子的条件都很差，没有床板都是打地铺。

马师傅：当时留下了一个大学生，他的父母都是河南大学的教授，他是在这出生的，但现在联系不到了。

焦宝军：我父亲当年拿的并不是毕业证书，而是结业证书。由于他在去世前的两个月整理东西，烧掉了一部分，所以还需要回去好好找找。

张朝阳：在您家住的学生的情况能给我们讲讲吗？还记得吗？

王友生：记得，那个时候学生非常的艰难，穿不好也吃不好，因为那是战争年代。

李成吾：非常感谢焦校长和在座的各位对我校本次活动的大力支持，

希望西城高级中学将来可以改回石羊庙高级中学，保存更深厚的文化底蕴。我们两校之间一定要保持联系，希望贵校带领你们的优秀学生到我们学校去参观开展理想教育，我们学校也增加陕西省的招生计划，加大两校的往来。另外，我们组织学生来你们学校开展实习或实践活动，增强两校学生之间的交流。再者，我希望加大西城高级中学的文化建设，我们提供当时河南大学在石羊庙办学、如何办学、办学情况等材料，将当年的办学情形整理成文字材料永久留存；在这个办学旧址上也可以建一座纪念碑，让我们的后代谨记这段历史。河南大学曾经在这里办学是我们两校之间的缘分，也希望你们能帮我们收集当时的校友信息，共同来坚固这份缘分。还有一个不情之请，当时印有河南大学字样的桌子，如果可以捐赠给我们的话，我们学校校史馆可以保存。如果不可以，希望你们支持我们做一个复制品，留个纪念。

张朝阳：在我们的校史馆，每年会有成千上万的人来观看学习。

李成吾：我们是希望能够更加深入地挖掘这段历史、这段文化。因为是木制品且只有一件，希望用玻璃罩子保存，做出抢救性的挖掘，避免以后连这点念想都没有了。建一座纪念碑，也便于后人来参观学习。

焦宝军：石羊庙已经在进行修缮了，把咱们校史馆的东西都放在里面，我们打算立一个碑。

李成吾：将来我们可以联合教育主管部门，帮你们申请新的建校地址，共同的努力会取得更大的成效。原陕西省副书记董雷是我们河南农大的毕业生，我们正在安排著名校友对他进行采访。虽然他已经退休，但是还是有一定影响的，我们会尽可能给咱们学校带来一些便利性的条件。

焦宝军：目前我们学校在硬件条件上比较缺失，在软件上也略显不足，在教师培养上和学校文化建设上都需要提高。我们有这一段历史，按照李书记的建议，后续我们会对学校进行改造，相信会越来越好。

李成吾：西城高级中学是当时河南大学流亡办学留下来的遗址，你们有很深厚的文化底蕴，就应该越办越好。你们在办学上遇到的困难尽管和我们河南农业大学开口，我们要保持联系和沟通，办好教育。我们希望通过当年的实物见证河南农大的办学发展史，将这份历史永存校史馆。

第五节　新的发现

经过六天的努力，我们找到了如下的重大发现：

（1）河南农业大学在宝鸡的办学地点为石羊庙旁边，当时据村民说河南大学农学院占地面积为十几亩，大部分建筑为 20 世纪七八十年代所建，现在庙前竖立着一块明清时期的石碑，字迹已经不清晰。

《宝鸡县志》照片

（2）团队找到了西城高级中学的焦宝军校长，焦宝军校长的父亲毕业于河南大学，焦宝军校长的父亲 1949 年之前参加工作，曾经还在河南大学任职。据时间推算，焦宝军校长的父亲应该经历了河南大学迁移至宝鸡的过程。可惜老先生已经不在人世。焦宝军校长向我们回忆：他的父亲在当时学的语言为俄语，父亲的校友有省部级的领导、陕西省新华书店的总经理等，父亲的毕业证书照片以及校友通讯录兴许能够找到，历时太久，他需仔细寻找，并表示十分愿意帮助我们完善河南农业大学的校史。

（3）团队在宝鸡市陈仓区档案局，翻阅了《宝鸡县志》，其在"高等教育"一节中提到"民国二十六年（1937），中原地区遭受日寇飞机轰炸，河南大学、焦作工学院、黄河水利专科学校，由河南省迁来本县，分别在卧龙寺、虢镇、硖石赵家坡办学。抗日战争胜利后，三院校先后迁回原址。时至 1983 年，县境尚无高等院校设置。"

（4）团队在石羊庙找到了对河南大学农学院办学时有些印象的老人，

并且寻找到了办学时学生住的窑洞、村民捐赠了当时农大学子住宿房子的瓦砾。

学子们曾住的窑洞

（5）团队在地方志办公室中查阅了《宝鸡市教育志》、《宝鸡市农林志》以及《李约瑟文集》，在《李约瑟文集》中提到，在1942—1946年，作者在中国游历时所发现的一些人文事件。宝鸡市正在编写《宝鸡市抗战志》，市志办杨军表示若发现关于当时的办学经历会与我们联系。

曾住过学生的老人家旧房子遗址

老人捐赠的砖瓦

《宝鸡县志》

第六节　启发感悟

党的十八大以来，习近平总书记曾在多个场合提到文化自信，传递出他的文化理念和文化观。在 2014 年 2 月 24 日的中央政治局第十三次集体学习中，习近平提出要"增强文化自信和价值观自信"。之后的两年间，习近平又对此有过多次论述。

"百年农大，生生不息"，河南农业大学自 1902 年河南大学堂始，学校发展的每一个阶段，伴随其一起进步的不仅仅是学校声誉和实力，不可缺少的还有学校本身应有的文化底蕴。文化底蕴是一个学校的生命力所在。一位智者说过："学校本身就是文化，文化走多远，学校就能走多远。"这种文化不仅是历史的，也是现在和未来的，要传承和发展。中华文化是我们民族的"根"和"魂"，百年农大校史是农大人写就的精神财富，记载着中原农业高等教育的脉络。"厚生丰民"的办学理念是农大人宝贵的精神财富。

"西风烈，长空雁叫霜晨月。霜晨月，马蹄声碎，喇叭声咽。雄关漫道真如铁，而今迈步从头越。"毛主席《忆秦娥·娄山关》中的词句，描述了长征的艰难，抒发了决心冲破敌人的围追堵截、引导中国革命走向新胜利的豪情壮志。同样，"七七事变"后，华北沦陷，河南大学走上了长达八年的流亡办学之路，先后搬迁到镇平县的安国城，嵩县的潭头镇，淅川的紫荆关以及我们这次所来到的陕西宝鸡。抗战胜利后，终又返汴。

透过路线上的遗址、标牌、庙宇，我看到了我校先辈们留下的办学印痕。苍莽险峻的大山、波涛汹涌的渭河、瑟瑟萧寒的铁桥、荒无人烟的草地、白雪皑皑的大雪山……每个难关，都是一座丰碑，铭刻着我校先辈们艰辛办学的光辉业绩。

"为中华之崛起而读书！"这是周恩来总理年少时说的话，在动乱的年代，每一个青年都坚定这样的信念，用自己所学的知识去滋润着满目疮痍的中华大地。走在这路上，听着老人讲当时的故事，当时的办学艰苦、环境艰难，心中有了大致的了解。

作为农大学子，我们深知此次重走办学路对学校的意义，对于我们思想上的帮助。细细品来，这一路的参观考察学习，竟如同一次心路历程，让我们心潮澎湃，受益良多。

百年农大，筚路蓝缕。百年沧桑，栉风沐雨。如今建校百余年过去，我们生在盛世，感受着发展带来的幸福生活，更应该利用好周围的环境，更加努力地向前迈去，怀爱校荣校兴校之心，做"一懂两爱"人才。先贤奠定了农大的基础，吾辈更应砥砺前行。

聚是一团火，散是满天星。星光闪烁，今年是我校办学的第116的年头，"重走办学路"暑期社会实践活动是一次纪念、缅怀，更加是一次学习和思考的机会。"不忘初心，继续前行"，新时代，走在这样的路上，应该包含更多的意义，更多的实践价值，更坚定了我们不忘初心的意志和决心。

第七节　建　议

（1）延长社会实践的时间。根据校史记载，河南大学农学院还曾在西安办学一段时间，同时也在武成寺、姬家店都有办学旧址。由于时间关系，我们团队成员并没有深入挖掘武成寺、姬家店。

（2）石羊庙是我们办学的根据地，1945年抗战胜利后，当时的同学们在此齐聚庆祝抗战胜利。河南农业大学可以投资建设石羊庙，安排专人管理，例如立碑或者牌匾，同时能够带动石羊庙的经济发展。

（3）西城高级中学焦宝军校长曾表示，学校还留有河南大学农学院办学时留存的桌子等物品，年代久远，不太好找。我们应该与校方交涉，将东西带回河南农业大学。另外，可以加强与西城高级中学的联系，如社会实践、教学实习、支教课堂等，在招生方面也可有所倾斜。两校良好的合作发展可促进校史的完善。

（4）可以将采访过的老人的话整理成音频资料，或者由专人整理成回忆录。

附件1　石羊庙

留存下来的一只石羊

团队成员观看西城高中校史寻找足迹

村民为团队成员指路

团队成员在石羊庙合影

附件 2　西城高级中学

西城高级中学

西城高级中学一角

徐向楠老师与焦宝军校长交流

团队成员在西城高级中学合影

附件 3　生活踪迹

徐向楠老师与李西城老师交流中

李成吾书记参观曾住过农大学生的旧房子遗址

附件 4　西城高级中学座谈会

河南农业大学部分领导与西城高级中学领导老师的座谈会

石羊庙相关人员

"重走办学路"社会实践基地揭牌仪式

开封篇（下）

第九章　河南大学农学院时期（下）

（抗战胜利至新中国成立前）

（执笔：石玉节、付瑞强）

经历过战火纷飞后，我校的起源河南大学堂所在地，如今早已成为河南大学第一附属医院院区，但找到她的具体地点还是让我们兴奋不已；古吹台早已光景不复，但嵌入墙体的石碑仍然昭示着当年办学的艰辛历程；红楼只剩下躯壳伫立但门前的简介仍记录下了辉煌。也像我们古玩店里找到的农具，虽然我们无法了解农具上所历经的故事，但依旧能联想出在不断进步发展的历史大潮中，曾经有那么一段，它们带给农民百姓最踏实的获得幸福的力量。

第一节　办学历程

学校名称： 河南大学农学院

办学时间： 1946 年 3 月—1948 年 6 月

校址： 开封繁塔寺

负责人： 王鸣岐教授

办学原因： 返汴复学。为了早日开学，学院员工于 1946 年 3 月全部回到开封。1946 年暑假，王直青院长辞职，王鸣岐教授任院长。当时，农学院有教授 15 人，副教授 4 人，讲师、助教 14 人，学生 200 余人。

第二节　教学工作

教学工作：制订发展计划。《农学院发展计划纲要》于 1946 年 10 月由院务会议通过，分 3 个方面：

（1）院内扩大组织，计划将现有农学系、园艺系、森林系扩充为农艺、病虫害、园艺、森林、畜牧兽医与农业化学等 6 系。

（2）校外加强与农业机构的合作试验研究工作，除开封工作站外，与中央棉业试验所、烟草试验所、林业实验所等签订有特约或区域性合作试验研究计划。

（3）社会方面促进农业改良与发展，对开封东北的葡萄复植，宋曹门外的花圃复兴，给予积极辅导，推广河南苹果、梨、桃、葡萄等果树栽培，指导牡丹、芍药等花卉生产。与建设厅组建"河南省汴郑区园艺促进委员会"，宋海涵厅长与王鸣岐院长分任正副主任委员，在三院东南二公里处建设 1 000 亩的示范场：苹果、梨、桃、葡萄四大果树栽培区各 200 亩，苗圃区 100 亩，打深井 5 眼，冷藏室、检装室、机具室、办公室各 1 幢，作为示范推广、学生实习的园地。

教学设备：

（1）图书：院图书馆、系图书馆、各研究室置备专用图书。

（2）实验室：在各院中最为完备，设有植物病理室、昆虫实验室、遗传生理实验室、动植物实验室、土壤实验室、土壤化学实验室、林学实验室、蔬菜花卉室、作物实验室、农机具修配厂、显微镜室、昆虫饲养室、药剂室、家禽孵育室等。

（3）实习场：农场分三部分，繁塔寺实验场，三院实习场，及繁塔寺农场南墙外普通作物栽培场；林场分实习林场与苗圃两部分，园艺场果树及蔬菜实习在繁塔寺，花卉实习后移在三院以配合院区美化工程之实施；畜牧场分乳牛、猪、鸡三部分。不论何系组，每位同学都有自己实习的场地。当年曾修复土壤室、种子室、孵卵室、育雏室、牛舍、羊舍、农场大门与四周围墙，添置显微镜、化学药品、林学试验器材和重要参考图书。复校开封后，图书馆和各院系多次收到中英科学合作馆与英国文化委员会赠送的新图书、杂志等。

农场除与中农所北平场（合办开封工作站）、行总河南分署、棉改处及病虫药械专门委员会合作试验外，还开展小麦、棉花、遗传、育种、牧业、肥料、栽培及小麦腥黑穗病、线虫病、粟黑穗病、白粉病、芝麻枯萎病、烟草与棉花病害等项研究。当时还开展了苹果、梨、葡萄品种观察，全省各地蔬菜品种比较试验，蔬菜品种的适应性试验，蔬菜、花卉、观赏植物的经济栽培。另辟苗圃 40 亩引种国外树种，培育了大批果苗。

1947 年，农学院面积扩大到 800 余亩。改建作物、遗传、育种、昆虫、植病、化学、生物、农具、园艺利用、森林等试验室，建起了制图室，植物标本室，乳牛、公牛饲养场，并栽培花草布置了校景。还订购 2 000 美元的教学器材，3 000 万元的乳产试验和挤乳用具。此外，又从行总河南分署分到大批种子、肥料、病虫害药剂、电器用品、人力畜力农具、伐木剪枝用具和抽水机、蒸馏器、牵引机及各种附件。从联总分到乳牛 34 头和饲料，图书杂志两箱，制罐头机器等 18 箱和仪器、药品 34 箱。

随着教学科研的深入，师资力量得到了加强，新聘真菌分类学教授王云章；美籍农业推广专家 Hamer；农具专家 Solman；高级英文教授 Ronayne；园艺加工与利用学教授 Beach；造园学及观赏植物副教授唐宪斌；养蜂专家李振纲、杜洪作、万晋。离校者有路葆清、陈鸿佑。

系部设置：设农学、森林、园艺 3 系，农学系主任先由沈学年担任，后由彭谦担任，栗耀岐为森林系主任，园艺系主任由田叔民担任。7 月下旬接管干河沿原有建筑及土地近 300 亩。经讨论后决议：

（1）将教室、研究室、试验室、宿舍于秋季开学后全部迁入干河沿新院址，繁塔寺旧址暂作为教职员宿舍和农场各部之用；

（2）原则通过教材合用及试验计划；

（3）增聘教授，先后聘到陈伯川、周士礼、路仲乾、陈鸿佑、鲁祖周等教授与讲师；

（4）增加设备；

（5）提倡学术研究等。

农学院仍在繁塔寺原址上课。原大门闭而未用，另从西边开新大门。院舍完整，塔东楼房仍为教室、办公室、图书室、实验室等所在地，塔北一排平房为各级学生宿舍。出塔院向南路东是原土壤实验室，因损坏严重尚未修复。这里过去是农场，有厚土墙围护，约500余亩，分为8大区。西边是农学系作物实习区，路东有风干室，北边是种子室。中区是中央农业实验所北平农事试验场开封工作站的小麦试验地。东边是园艺系的果树、蔬菜、花卉实习区，靠北墙有日本人添建的罐头工厂，是二层楼房。左前方是乳牛场。其东300米处是农场办公室与工作站站址。室北侧是家禽孵育室与鸡舍，再北为猪舍。农场办公室东西长，门西开。室南是烟草、芝麻、棉、麻、玉米等作物实习地及工作站，甘薯、小米试验地。东北约50米处为农场新大门，东向、遥对干河沿三院，为校本部通三院校东中途站。左悬"国立河南大学农场"，右悬"农林部中央农业实验所北平农事试验场开封工作站"，两块白底黑字大木牌很为耀眼。农场北与河南省农业改进所一路相隔，该所树木种类繁多，为森林系树木学实习场地，学校为教学方便起见，就在其对面，铁道北边设置森林苗圃一处，约百亩左右。农场南墙外尚有土地几百亩，种植大豆、高粱、豌豆、棉花等作物。

教职工：农学系主任由沈学年、彭谦担任；栗耀岐为森林系主任，园艺系主任由田叔民担任；陈伯川、周士礼、路仲乾、陈鸿佑、鲁祖周等教授与讲师；遗传、作物育种、生物统计及田间技术——沈学年并兼任开封工作站主任；土壤、肥料、土壤与分析——彭谦；食用作物、棉作、特作——王直青；农业经济、农场管理、农业仓库——林瑞年；普通畜牧——路葆清；农田水利——鲁祖周；农业工程、农业制造、农具——陈伯川；农业概述、麦作——刘葆庆兼农场主任。农业经济——王一蛟。植物病虫害组：昆虫、昆虫分类、经济昆虫——陈振铎；昆虫形态、昆虫生理、园艺害虫——何均；植物病理、真菌、植物病虫研究及讨论——王鸣岐；病虫害防治、细菌、农业微生物——孟宪曾；昆虫方法、森林昆虫——冯笑尘。

园艺系：果树园艺、苗圃、葡萄学——田叔民；园艺利用、花卉园艺——周士礼；园艺、作物育种——Beach；蔬菜园艺、促成栽培——袁惠民；造园学、观赏树木——张乃惠。

森林系：林政学、造林学、造园学——栗耀岐；森林经理、森林工学——贾瑞生；造林学原理、森林计算和利用——杜洪作；测量学、农场实习——穆象吉；水土保持——陈鸿佑；树木学——时华民；树木学与森林化学——葛明裕；遗传学、植物生理——郝象吾。

第三节　科学研究

当年除与中畜所、河南农改所合作试验外，还单独进行了如下试验：

（1）小麦抗黄锈、叶锈和腥黑穗病试验（抗病品种多从美国和加拿大引入）；

（2）小麦抗根腐病试验。并育成小麦杂交良种 H-1、H-2、H-3 和 H-4。

农学院师生在八年抗战中积累了相当多的研究课题，河南大学复校以后抓紧研究，很快取得了一批科研成果。如王鸣岐教授的《河南植物病害名录（二）》《河南作物重要病害及其防除方法》《河南小麦病害研究报告撮要》《陕西关中植物病害名录》《复员二年来之河南植物病虫害及其防治》，栗耀岐、葛明裕的《嵩山勘测报告书》，郝象吾的《演化倾向与育种方法》，时从夏的《河南药用植物及禹县药材之调查》，张新铭的《土壤水分含量测定方法之检讨》，葛明裕的《中国木本植物分科检表》，王秉钧的《油桐之研究》等，对地方经济的发展都起到了推动作用。郝象吾著成《演化与优化》一书，自印数百册，以飨读者。农学院附属农场恢复后，辟有烟草、麻、棉花、小米、大豆、高粱、玉米等农作物实验地。园艺系在这一时期重点研究了红萝卜、茄子等蔬菜品种的选择培育工作。他们还与农林部棉产改进处、中央农业实验所共同进行黄河流域棉区试验，与农林部病虫药械专门委员会农业实验所共同开展河南麦病及枣虫的防除，与河南省建设厅合作在黄龙寺建立果树示范区，与黄泛区复兴局河南业务管理处联合进行黄泛区灾情调查，并在开封东观乡建设示范新村。这些为战后河南农业重建和黄泛区恢复起到了极为重要的作用。

农学院成立了农学会，凡本校农学院师生及校友都可申请加入，以联络感情、砥砺品行、研究学术及改进农业为宗旨，会内设学生、研究、编辑等组。王鸣岐院长在农学会成立大会上提出办会目标：第一，印证在课堂所研讨的理论及在实验室所求得的结果。第二，引导全体师生学术研究，以学术发展事业。第三，以示范方式改进本区农业。第四，进行理论探讨。农学会的学生会员们利用业余时间到荒芜多年的农场进行设计、规划、测量、开垦荒地，辟出实验田，进行育种、遗传、土壤、园艺、病虫害防治等多方面的试验。他们还创办了自己的刊物《科学农业》《大地》《大地季刊》《耕耘》等。

第四节　社会贡献

（1）育成小麦杂交良种 H-1、H-2、H-3 和 H-4；
（2）多篇农业相关论文发表，对地方经济的发展都起到了推动作用；
（3）从农业发展上为战后河南农业重建和黄泛区恢复做出杰出贡献；
（4）自印数百册郝象吾《演化与优化》一书，以飨读者。

第五节　重走日记

7月3日　星期二　多云

实践团队从郑州出发，奔赴暑期社会实践地点——开封禹王台区，在对周边环境进行简单熟悉后，实践团队首先去往繁塔地区进行调查。据繁塔工作人员介绍：繁塔历史悠久，几经摧残由最初开封最高的佛塔如今仅剩三层，而繁塔前曾有一排欧式风格建筑用作河南农学院在开封建校时期的教学楼，繁塔对面的古吹台内建筑则是学校实验楼与教师公寓，但在战火纷飞中都遭受损害，繁塔前的教学楼早已荡然无存，古吹台也只剩下一扇饱经风雨的大门。令人欣慰的是如今的繁塔区已受到地方政府重视，在我们进行活动调查时有施工人员对其中建筑进行保护修缮。实践团队成员亦对繁塔村村民进行走访调查，村民的叙述再一次印证了繁塔曾经的繁华景象以及河南大学农学院曾在此处办学颇有名望的历史事实。

7月4日　星期三　雨

小组成员在开封古玩市场进行考察，小小的的古玩市场其实内容颇丰。古玩市场里拥有各种历史悠久小物件，对我们了解历史有一定的帮助。由于阴雨天气原因，很多店家没有开门，我们也很遗憾没有找到有关学校的校徽、粮票、毕业照等相关物品，但这次古玩市场之行也不是一无所获。

据了解，我校在开封建校时期，拥有最先进的农耕器具及技术，当时的老师亲自下田干农活以演示相关农业机械的使用。而此次古玩市场之行，我们有幸见到了一些过去使用的农业器具。相比于现代科技，这些机械器具可能显得十分笨拙愚钝，但在当时，已是最先进的代替力量，在一定程度上减少了农民的劳动负担，为农业生产活动提供便利。同时，小组人员在一个收藏古书的店铺里发现许多有价值的信息，店铺里的书籍都是年代久远，书中封存着历史的记忆，每本书都有自己独特的历史韵味。大家找到一本名为《汴京八景》的书，书中有一节详细介绍繁塔景色，繁（读：pó）台，位于开封城东南，禹王台公园的西侧。那里原是一座长约百米自然形成的宽阔高台，因附近原来居住姓繁的居民，故称繁台。

团队成员认真寻找小物件

早在五代后周显德二年（955 年），在此曾修建了一座寺院，叫天清寺。元末毁于兵火。清初重建，称为国相寺，于 1927 年废毁，现仅存一座建于北宋开宝年间（968—976 年）的繁塔，是开封现存最古老的建筑物。北宋时期，每当清明时节，繁台之上春来早，桃李争春，杨柳依依，晴云碧树，殿宇峥嵘，京城居民郊游踏青，担酒携食而来，饮酒赋诗，看舞听戏，赏花观草，烧香拜佛，人们尽情地享受春天的美景。北宋诗人石曼卿春游时写诗云"台高地回出天半，瞭见皇都十里春"。赞美在繁台春游时，还能欣赏北宋皇都春天的景色。"繁台春色"也由此而得名，可见繁塔曾经的辉煌繁荣。时代的车轮滚滚向前，但历史永远不离不弃。

农耕器具

《汴京八景》

7月13日　星期五　多云

《学府往事》中记载：抗战胜利后，当时的河南大学农学院的繁塔寺办学地损毁严重，用于试验的标本林和校舍都被日军破坏，河南大学开始规划重建农学院的事宜。农学院农场的土地，抗战前大部散在干河沿以东、崔庄南北。日军占领开封后，以农场棉田、苗圃为基础，把崔庄群众赶走，建筑南北两个大院。经过了一段时间的争取，行政院批准干河沿南北两院产权全归农学院，使从宝鸡回来的教职工和学生有了去处。农学院迁到干河沿后，校舍发展很快，农业机具得到迅速补充，猪、牛、羊、鸡等饲养业也发展很快。

随后，我们去往了干河沿，但遗憾的是干河沿村民表示其村早已迁出原址，虽然村名没变，但地址并不是同一个，且开凿的机井也早已在农民适应了水管的便利以后进行了填堵，可以说是无迹可寻的。这个结果我们倒也是不意外的，毕竟是时间久了，社会发生了很大变化。无论有无，我们重走办学路团队都是以一颗敬畏的心去探索、去追寻，而这也正是我们此行的最大目的。

第六节　调查访谈

1. 与我校 1991 级校友程玉长交谈

陈翔：我们 7 月 5 号的时候也去了一趟繁塔和干河沿，算是先认个路以防在路程上耗费太多时间，然后我们发现了繁塔下有一个办公楼，本来想去问一下是不是和当时农学院有些渊源，但是很可惜没有人，而且看起来像是被遗弃了，不知道您了解这座楼吗？

程玉长：你说的这个应该是十九中的办公楼，他们现在搬走了，所以就留在那了，不是咱们农学院建的。但是繁塔附近居民你们可以问问，应该是有当时的校舍，还有咱们古吹台西侧的办公室，那个房子应当是农学院建的，你们可以明天去看一下。

2. 与开封禹王台办公室主任马强交谈

马强：您好，你们就是程所长介绍的河南农大师生吗？

陈翔：对，我们是河南农业大学的，昨天和程所长了解了一下情况，程所长建议我们来这里实地看看，还麻烦您给我们介绍下这里与河南农学院有关的建筑和实物。

马强：不用客气，咱们边走边说。咱们禹王台公园绝大部分之前都是农学院的地，所以留下来的东西虽然不多也是要比其他地方多一点的。咱们先去红楼，那边还有一口机井和标本林，往北的话有古吹台还有当时的校舍一类，建筑也不算太少。

话语之间，我们一行人来到了红楼。

马强：这就是红楼，门前的简介也显示出先前用作农学院的图书馆，但是重新修整过后就不再对外开放了，一是为了保留原始面貌，二是我们禹王台里的建筑不多，也需要存放一些东西。今天可以让你们近距离接触一下，进楼观察。

红楼今昔对比

陈翔：那谢谢您了！这红楼为什么叫红楼呢？

马强：其实就是因为它通体由红色的砖瓦建造，比较独具一格，时间长了，大家也就习惯称它为红楼了。

陈翔： 根据我们找到的照片来看，现在的红楼应该不是完整的吧？右侧还有一部分是吗？

马强： 对的，当年着火是一部分原因，还有就是"文革"的原因，另外半面比较偏向于西式建筑，也就没有再重修了。红楼原本的样子就和现在差不多，但是现代建筑多种多样，让人眼花缭乱的，也就不觉得这红楼惊艳了，当时可是审美的前端了。进入之后全部就是和现在一样，都是木地板，上下两层互通，很符合当时的潮流。

陈翔： 那自然是，但是就历史意义来说，现代建筑是无法比拟的，现代建筑见证的是时代的审美趋势和居住水平，而红楼见证的是文化的传承、历史的蜿蜒以及战火换来的和平，还是很有差距的！

马强： 这倒不错，来，我们可以上楼看看，灯具和窗饰等现在来看还是很新颖的，那个时代在这样的环境读书学习确实是一大幸事。

（在红楼稍作停顿我们开始前往接下来的目的地）

马强： 从这里开始望过去的这条路就是标本林，是之前农学院在这办学的时候学生种植的，据说是树的品种生长实验，有各种各样的洋槐、国槐、皂角，还有一些公园没有鉴别出来的树，标本林的尽头现今是一个圆形的空地，平时老人们喜欢在这里打打太极抖抖空竹，从这里往南看就能看到四季亭。我们可以过去看一下，但是现在里面是空的，已经没有东西了，据推断这个亭子也是当时校园一景。虽然没有具体佐证，但这个地域范围及建亭的时间是符合的，所以可能性还是有的。最初的时候四季亭是一个茅草亭，不是现在这样砖瓦俱全。

咱们往东北走就是日本人建的花房，民国时期的日本人建造，叫做花房，顾名思义就是养花用的，房子下面是空的，可以用来烧柴保障屋内的温度，门的话比较低，也可能就是这一种风格。现在也有人住，被列为开封市不可移动文物。

陈翔： 那这些房子日军走后农学院回来，是交予农学院安排了吗？或者有没有能证明这些房屋主人变更的情况？

马强： 这个的确没有确凿的证据，根据推测有这个可能性，但是咱们禹王台有一处是当时农学院的校舍，现在用作禹王台办公室使用，待会我们可以一起去看一下。

陈翔： 嗯嗯，那校舍咱们现在是留作办公室是吗，听程所长说没有拆迁，是改做了办公室。

马强： 对，现在是用作我们禹王台的办公室使用，平时巡园还有办公都在里面，虽然建造时间很长了，但还是坚固耐用。

（穿过梁园的大门，我们便来到了繁塔下）

马强： 繁塔和禹王台虽然不属于一个单位，但是离得比较近，大家也熟悉。这边也有讲解员但是可能更偏向于对繁塔的介绍，关于农学院他们可能知道的不多。

陈翔： 没关系的。

讲解员： 繁塔又称万佛寺，因为它每一块砖上都是一尊佛像，是百姓们自愿募捐而成，有的旁边还刻有姓名和祝福语，那个姓名其实就是捐赠者的名字，祝福语就是捐赠者的期望，所以还是很有意义的。繁塔的南门里是一个倒坐观音，人们也是经常到这里祈福还愿，等等，据说还是比较灵验的。

陈翔： 我看有的砖是绿色的，这个是什么原因呢？

讲解员： 这个是有的大户人家想要显得更重视，还有就是为了彰显自己的身份，就会用翡翠做成砖块进行雕刻。另外咱们向阳的这一侧其实大部分都不是原来的砖块了，一是战后损毁严重，至今还是存有一枚炮弹在内；二是向阳侧的砖块磨损也更严重，所以重修的时候大多都换了新的。

禹王台内花房展示

团队在古吹台前合影

陈翔：那关于农学院应该只是征收了繁塔寺庙的土地吧，因为看起来繁塔本身好像空间不大，没有可以授课的余地。

讲解员：对的，繁塔本身内部空间比较小，而且想要登上第二层也不容易，并没有空间能够授课，所以当初农学院征收的只是寺院的土地，用来做实验田。另外先前繁塔寺周是有民用房的，现今可能大都重建了，但当时那些据说是用作教授宿舍的。

3. 与繁塔附近居住的老先生交谈

陈翔：大爷您好！我们是河南农业大学的师生，来这边想要找寻一下当年我们学校的办学遗迹。请问您是一直居住在这里吗？

老先生：是，我打出生就居住在这里，没有搬过家。你们是想找啥历史啊？

陈翔：那真是太好了，我们想向您了解一些关于农学院在咱们这办学的事情，不知道您清楚吗？

老先生：农学院啊！那我还是能说两句的，我可是在校园这边长大的呢！农学院一共有两个门，一是繁塔那边有一个门，二是现在禹王台公园的那个铁门，先前其实写的是农学院的名字。还有小时候我们家门口这块儿都是农学院的地，他们不盖房，就是当农田，种东西做实验，我还记得我家这边种的是西瓜。

陈翔：那当时的办学面积大概有多少呢？目前还有没有留下的古迹建筑一类的？

　　老先生：农学院以前挺大的，但是古迹的话现在大部分都被毁了，像大礼堂，以前是在开封市药厂那里的，但是改建之后就被炸掉建了车间。总共得有 1 000 亩左右吧，像现在的药厂之前都是农学院的地，还有禹王台，大部分禹王台公园原来都是农学院的。

　　陈翔：大概是在什么时候被毁的您清楚吗？

　　老先生：那也是好长时间了，大概也得四十多年前，80 年代的时候，那时候药厂建车间的时候给炸掉了。

　　陈翔：那个铁门是位于陇海铁路以南这边吗？

　　老先生：对，就是在那里，你们沿着我家门口这条路走就可以找到，现在被作为文物保护起来了，没有拆掉。现在上面挂的牌子是禹王台公园，之前是河南农学院。进去那个铁门以后一直往南是个农业试验场，教室都在药厂那边，禹王台公园里面地多但是没有什么建筑，就有一个古吹台是他们原来的办公室，药厂里面比较多，我之前也在药厂上班，那后面的家属楼就是农学院的教室。那时候是最热闹的时候，农学院在这办学，那个铁门外面全是卖吃的，大人小孩都在这边。

团委老师陈翔与在繁塔下居住了 70 余年的老先生交谈

第七节　新的发现

　　河南大学农学院教师宿舍位置：禹王台公园中现今当作综合管理处办公室使用的房屋是河南农学院时期的校舍。

教师宿舍所在位置

第八节　启发感悟

心路历程：实践团队走到这儿也即将是开封一行的结束了，探寻到的没探寻到的，获得的线索材料是真的还是假的，都将告一段落了，探寻历史的本意并不是其还原程度的多少或者断垣残壁的收集，而是我们每一个人都能通过探寻去正视历史、铭记历史，知其不易而珍惜现在，把握好这些即将被称作历史的每一分每一秒。走好脚下的路，铺垫未来的路，这才是历史存在的真正意义。

实践方式：采访、实地调查、笔记、录音等。每一次出发都有自己的期望达成度，而为了这些我们能够做什么，怎么做才能得到这些消息都是应当思虑清楚的，当我们清楚自己的需要自己的方向时，所做的所选择的就是最佳的实践方式。

收获启发：

（1）青年人应当有自己的自信但也要有虚心求教的谦卑，在与老校友进行交谈时，老一辈人身上脚踏实地的精神我们需要发扬，把握好心中的度量衡，莫让自信变自负。

（2）历史让人谦和，很多事情作为当局者我们并不能看清症结所在，而作为旁观者去俯瞰历史时反而使人清晰明了，多读多看，去体味墨香气中的另一番天地，一定会有所收获。

总结概述： 此次开封一行虽然短暂，但可以说是暑期里浓墨重彩的一笔了，无论是历史的厚重还是沿途的友谊都让人感动，可以笼统地说是收获颇丰的。更加清楚了我校的"初心"，也更加坚定了我们不忘初心继续前行的意志，体味收获了诸多的道理与常情。相信有过这次经历的我们将更加珍惜当下，更加愿意去为自己的初心奋斗，也希望能有更多的人去关注历史、走近校史，去真正体味那八字校训的奥秘和先辈们的恳切期望。

第九节　建　　议

1. 学校本身应当更重视对校史的开发宣传

可以联合河南大学以及当年迁居地的政府部门一同扩充我校校史，让历史能更加清晰正确地展现在同学之间。

2. 建校周年时举办多种活动

不局限于河南农业大学举办座谈会、晚会等形式，也可以和河南大学、西北农林科技大学、东北农业大学、江西农学院、开封高中等与我校有些许关联的学校联合举办活动，共同庆贺，交流收获与心得。可以采取关于校史的快问快答、有奖竞猜等，都可以调动同学的积极性，尽量让每一位同学都参与进来，真正铭记校史。

3. 协调开发开封办学旧址

开封繁塔—禹王台公园一带，一直为农大办学地，因为开封近十几年大力推进郑汴一体化，城市重心向西发展，东部城区关注程度和开发力度明显滞后，原农大办学地一带呈现出破败凋敝的景象。建议与开封政府沟通，联合对这一带进行开发，重点要加入农大元素，尽可能恢复农大在这一地带办学的面貌。

4. 设立微缩景观群，展示百年校史

为直观展现重走办学路的成果，可以在龙子湖校区第一实验楼和图书馆之间的空地上，建设百年办学路微缩景观群。将8个办学地的标志性建筑、标志性实物，用微缩模型的形式进行展示，同时包含山川河流等地形的沙盘模型，尽可能完整地展现8个办学地点的地理环境和人文风貌。配合声光电的影视效果，增加感染力。设置步道，让教职工生能够在里面穿梭参观，身临其境，在校园里就可以感受到农大8个办学地的环境状况。

第十章　解放战争中的河南大学农学院
之苏州时期

（执笔：张恩硕）

1948—1949 年新中国成立前夕，河南大学农学院受国民政府裹挟前往苏州办学，成立国立河南大学农学院。为探寻办学遗址，了解办学故事，重温办学初心，2018 年暑期，国际教育学院社会实践小分队前往苏州收集办学资料，走访昔时见证人，与校友当面交谈，对校史有了更加深入细致的了解。重走过程困难重重，队员们在残卷和旧址中寻找蛛丝马迹，感叹办学信念之坚定，感受办学条件之艰苦，体味办学道路之艰辛。

第一节　办学历程

名称：国立河南大学农学院

时间：1948 年 6 月—1949 年 7 月

校址：江苏省苏州市狮子林

负责人：时任校长姚从吾

办学缘起：1948 年 6 月解放军围攻开封，南京政府教育部下令河南大学南迁苏州，为留存办学根基，国立河南大学农学院被迫南迁，于 1948 年 10 月在苏州复课。河南大学从开封迁到苏州，不是抗战期间，而是抗战胜利以后的国内战争时期。1948 年，河南成为战场，两军在开封反复交战，河大校园成了国民党军队的指挥部，学校提前放假，师生纷纷逃难。不少人住在黄河水利学校，而这所学校，后又成了解放军的前沿阵地。为继续办学，稳定办学环境，遵教育部令，校方南迁苏州，1948 年暑期开学，时有学生三千余人就读。1949 年 4 月 29 日，国立河南大学有组织、有领导地以校务维持委员会为代表，接受了解放军苏州军事管制委员会的和平接管，全体师生员工在军管会造册登记领取口粮和俸薪，像全国所有的大学一样，国立河南大学在新中国取得了合法办学地位。1949年5月，校委会主持了国立河南大学约600名毕业生的毕业典礼；1949年5—6月，办理了1 700余河南大学学子参军、参干的手续，给新中国输送了一批优秀人才。1949年7月2日，在军管会领导安排下，校务委员会组织协调全校行政机构完成了返回校园的繁杂的事务工作，使国立河南大学六院十六个系，1 200余师生员工（家属）携带全部校产，乘坐"专列"完整地"回归"河南。

第二节　重走日记

7月9日　星期一　晴

重走第一天，团队一行乘坐火车，历时十几个小时到达苏州市，下车后顾不得歇息，直奔苏州市档案馆查阅档案资料。队员们从杂志、报纸、新闻、图书等多方入手，仔细查阅有关国立河南大学农学院在苏州办学的资料。期间队员们各自分工，认真记录，不遗漏一丝一毫相关线索，每当有新发现，都会兴奋不已。由于档案馆开放时间有限，队员们在午饭时间分组轮流休息，查找资料。

7月10日　星期二　晴

10日上午，团队一行到苏州市方志馆，因所住地点与方志馆距离较远，且经过易堵车街区，队员们为了能按时到达，早上四点多起床，搭乘公交车前往。令大家欣慰的是，到达方志馆后向对方表明来意，当得知是河南农业大学学生探寻办学遗迹，很是乐意帮助，工作人员将我们带到存放档案的地方，方便队员调查了《苏州市志·教育志》大专院校册。

下午，团队在校友办的协助下，联系到1955级校友俞运耒奶奶，并前往俞奶奶家中看望，与其交谈了解学校在苏办学期间的相关情况。此次交谈约持续了2个小时，结束离开时，俞奶奶依依不舍，鼓励队员们要好好学习，服务社会。

7月11日　星期三　晴

第三天，团队一行探访办学故址——狮子林。在狮子林中，队员们发现了楼房中天井旁紧凑地摆放着几张写满岁月痕迹的石桌，经询问，了解到其正是新中国成立前国立河南大学农学院学生的学习场地。

辗转西北街 104 号，队员们一路上借助地图并向当地人询问，找到了藏于闹市中的一角，仔细寻找当年存放重要仪器的场地。但是随着祖国大发展，当地早已旧貌换新颜，在附近居住老人的指引下，只确定了大概位置。

第三节　调查访谈

重走期间，队员们在苏州市档案馆调查档案资料，发现了当年国立河南大学农学院南迁苏州办学期间接受当地工商业者资助钱粮等若干信息。2018 年 7 月 10 日，团队一行到苏州市方志馆，调查了《苏州市志·教育志》大专院校册，查到新中国成立前夕国立河南大学在国民政府的裹挟下被迫来到苏州办学的经历。

当天，在前期校友办的帮助下，团队一行到人民路西塘新村 1955 级校友俞运末奶奶家了解学校在苏办学期间的情形。我们保存了一段当时团委书记贾春锐老师（以下简称贾）与俞运末（以下简称俞）的谈话。

具体谈话内容如下：

贾： 俞老师，我们这次来苏州一是带着学生社会实践重走一下办学之路，增进学生对校史的了解，二是代表学校来探望您，看您身体挺硬朗，今年高寿？

俞： 感谢母校惦念。今年 86 岁啦，身体还算可以。

贾： 俞老师，您对当年农学院在苏州办学时的具体情况是否还有印象？

俞： 我当时还小，也就十来岁，对于那时的具体情况不是很了解，不过在农学院回河南几年后，我稍微大一点，听家里的人说过：1948 年夏天，河南大学搬到了苏州，当时的农学院师生把狮子林当宿舍，在西北街附近有仓库，存放一些实验器材等物资。大约办学一年多就又搬回去了。不过，当时的农学院并没有全部搬走，一部分人留在了当时苏州农学院继续任职教学。

贾： 俞老师，我了解到您是农大 55 级毕业生，能给大家讲讲当时的经历么？

俞： 我本是苏州人，抗美援朝全国动员参军时期，我报名参军，随后从军队里考到河南农学院。当时我在烟草系，毕业后就在河南许昌的烟草研究所上班。后来学校成立，烟草专业需要扩充师资，之后就回到了母校工作，贺钟麟老师、范濂老师都是我的恩师。"文化大革命"期间，我在烟草组搞科研，受到影响，工作担子越发沉重。家里上有老，下有小，还有孩子患病，在为母校奉献和照顾家庭之间，我无奈地选择了后者。

队员们与俞运来老师交谈

队员们与俞运来老师合影

贾：俞老师，回忆起当年的经历，您有什么感想？

俞：如今，我们这批学生虽然已经到了耄耋之年，回忆起 1948 年、1949 年国立河南大学的日子，我们依然热血沸腾，那是我们充满理想与激情的年代，不惜流血牺牲、坚持正义，追求民主、自由新中国，是我们的革命初衷。这个"初衷"，主宰了我们的一生。人到暮年，历经了人生的磨砺和生命的沉淀，可以说，我们 3 200 余名的河大人，为传承中原文化血脉，为继承母校优良学风，也算尽了自己的一份力。

第四节　新的发现

百年农大建校史，因时间久远且保存不善，随着学校迁移，一些有价值的信息难免丢失。令人欣喜的是，在档案馆查找档案时，意外发现了一份在任教员生活费收据，标注时间是 1948 年 5 月，当时的农大还是国立河南大学。从这份名单上我们发现了一部分时任教师的名单。通过这份名单可以了解到当时的工资情况、伙食情况，还可通过名单寻找这些老师的子女，更多地了解当时的办学情况。

第五节　启发感悟

源深流自远，行健天同功。一船溯回农大百年根，一瞬彻悟农大万年魂。伴着夏日蝉鸣，我校考察队来到了苏州，用足迹寻找农大曾经的气息，用言语穷究农大昔日的容颜。通过此次社会实践活动，团队成员对农大校史有了更为深入的了解，对农大先辈们呕心沥血办学、执教的精神有了更深刻的认识，对以"明德自强、求是力行"为核心的农大精神有了更深切的体悟。

（1）感悟到先辈不怕困苦，为教育事业奋斗终生的献身精神。战火硝烟烧不完农大学子求知之热情，艰难险阻挡不住农大学子奉献之志向。动荡不安的战争年代，先辈们历经艰险，风餐露宿。为了在战火中保留农大的办学根基，他们不惧险阻，即使在国民政府的胁迫下迁至苏州，仍努力在群众的支持配合下完备教学基础。更有前辈将个人微薄工资收入用来为学院购置器械材料。正如余奶奶和她口中那些无法得知姓名的农大先辈们都曾在农大艰难时期无私奉献过，无论是钱财物资，抑或是知识青春，他们都是农大永不磨灭的骄傲，他们不怕困苦，为教育事业奋斗终生的精神深深激励着每一位农大学子。曾经农大先辈虽寄人篱下，但仍想尽一切办法克服困难，勇于搏斗，不向反动势力低眉折腰，他们用自己的脊梁和灵魂撑起农大人坚定的治学精神和为正义顽强坚守的高尚节操。

（2）感受到中华民族团结一心，苏州人民的热情支持。1949 年 4 月 26 日苏州解放，这对农学院无疑是一个天大喜讯。苏州军管会负责人韦国清首长对农学院非常关心，一直在为农大的迁回安排工作。7 月，在刘伯承、陈毅、韦国清等军政首长的关怀下，苏州、南京、徐州等地人民政府积极援助学院迁回。河南大学农学院在党的照耀下重见天日，我校艰难办学历史上终于迎来了一页光明，为农大带来了希望的曙光，农大也才得以拥有如今的辉煌。所以，我们深知民族团结，人民支持亦是办学道路不可或缺的根基。

（3）明白了教育的开展离不开人民和国家的大力支持。人民支持热潮为兴办教育提供了坚实基础，是教育工作顺利进行的有利保障。而正因有国家的帮助与扶持，农大才能摆脱反动势力控制，不断扩大办学规模，成就今日的辉煌。相信在人民和国家光辉照耀下，农大人奋力进取，必将继续不断发展、持续进步、再创佳绩。

（4）体会到个人、国家、民族命运紧密相连，感受到和平生活的来之不易，我们应更加珍惜现在的和平环境，勤奋读书，报效祖国。在苏宁沪中共地下党的领导、帮助下，国立河南大学的安定和完整才得以保存。苏州解放后，1949 年 5—6 月，办理了 1 700 余河南大学学子参军、参干的手续，数千名学生奋然参军南下，为国家军队建设贡献力量。彰显着国立河南大学青年学生为实现民主、自由新中国不懈奋斗的报国志向，成为"第二条战线"一支中坚力量。那时，一张石桌方为读书之地，学生们在夏日要忍受蚊虫叮咬烈日灼烧的恶劣环境，冬日仍恭恭敬敬在这露天而冰凉的"浑然天成之地"刻苦学习，如今，敞亮舒适的教室、安静美好的氛围、冬暖夏凉的环境是我们最习以为常的学习之所，两相对比，我们有何理由不去努力、不去珍惜？是的，战火年代早已过去，新时代的我们不应心安理得地享受现在安逸的生活，而是应该继承并坚守先辈对国家、民族的热忧，不忘初心，牢记使命，做新时代有为青年。

（5）加深了对党领导能力和执政水平的肯定，进一步增强了坚定不移跟党走的信念。农大的成立和发展离不开一代又一代农大人的执著坚守，离不开全体人民的大力支持，更离不开中国共产党的正确领导。作为新时代的农大学子，应继承并发扬百年累积的农大优良传统，自觉担负"厚生丰民"的神圣使命，紧跟党的步伐，为将河南农业大学建设成为"以农为特色的高水平大学"贡献力量。

百年农大颠沛流离，历经艰辛；百年学子薪火相传，弦歌不辍。伴随着历史的沧桑，历经时代的风雨，农学院与新中国一起成长。一百年见证了一段曲折而催人奋进的历史，她让农大有了厚重的过去；一百年是一段精神财富积淀，激励着一代又一代农大人脚踏实地、豪迈前行。未来，我们当立志以青春激活历史，用学术引领风尚，让信仰点亮人生，把实践踏在脚下。站在新时代的起点，用青年责任、担当、奋斗谱写农大发展的青春篇章。

第六节　建　议

（1）增加交流研讨，扩大校友群体。建议校友办增加交流研讨，广泛联系校友，积极探索，深入交流，搜集史料，努力填补办学史料空白。

（2）丰富活动形式，密切校友联系。通过举办校友大会、分组讨论、值年返校、新校区踏访、实地考察等活动，增进校友对母校发展的了解，提升校友归属感及爱校荣校意识。密切学校与校友之间的联系，鼓励校友为农大发展积极建言献策。

（3）创新工作思路，还原办学情境。在校园建设上，可着力开设专区，模拟当时办学情境，进一步引导学生感悟农大人文情怀、历史气息及办学理念。如办学旧址狮子林，虽然缀山不高，但是洞壑盘旋、层次深邃，嵌空奇绝；虽凿池不深，但回环曲折，飞瀑流泉隐没于花木扶疏之中，古树名木令人叫绝，厅堂楼阁精巧细致。可尽量还原当时办学历史，做出狮子林模拟图，让学生"身临其境"，体味昔时苦学之景。

附件1 河南大学农学院 1949 年概况

1. 沿革

河南的高等农业教育的农学院是从 1927 年的 6 月才开始的，那时河南的中州大学、农业专门学校和法政专门学校三个学校合并，成立国立第四中山大学，设文、理、法、农四科，农科接收了南关繁塔寺农专的场地 76 亩和附近的零星寺庙土地 1 028 亩，开辟试验场，科内成立农艺、园艺、森林和畜牧等四系。

到了 1930 年的夏天，依照当时各省立大学的惯例，于是改称省立河南大学，农科也改称农学院，从这时候开始，农学院的三、四年级学生才迁到繁塔寺的第二院里去上课，其余的一、二年级学生，仍然留在城里的校本部读书。第二年的春天，二院增加校舍，扩大试验场，充实并发展教学和研究材料的范围，同时全部学生和设备一齐从城里迁到二院来了，该年里并且容纳了东北大学农学院全院的师生到本院上课。

1934 年的夏天，试验场原来的零星土地一齐集中起来，解决了试验上的困难，院里增加了棉作研究，又在灵宝设立一个棉场，到了现阶段，研究工作渐渐成熟起来，有了好几位教授写出他们的研究报告，有的由本院制成了专册，有的在杂志上发表。

1935—1937 年，因为得到大英文化基金会的补助，修建了好几座研究和试验用的房屋，并且就学校分配给农学院的经费，添置仪器、图书和药品，这时候育成了 6 个优良小麦品系，比较开封 124 改良小麦的产量高出 8%～22%，而且不容易倒伏，抗病能力也比较强。农场附近的农民自动换种种植，可惜日本的侵略战争发动了，这些材料一齐损失，很为可惜。

1937 年 12 月到 1945 年 12 月，这八年中，流离迁移，前后易地四次，畜牧系并入西北农学院，园艺系停办后又重新设立，名称从省立改成国立，可以说变幻多端，辛苦备尝了。总算还能上下一心，苦撑着危难的局面，教学并未停止，而且研究工作在条件允许的范围里设法进行。

1945 年底复员回到开封之后，二院的房屋大半是断瓦颓垣。一切重新开始，次年起院部移到干河沿的北营，房屋宽敞，试验地面积辽阔。不料 1948 年的夏天又被国民党反动派所胁迫，搬到苏州，遭受无谓的损失，使得农学院不能按照原计划去谋发展，回想起来，真是可惜。1949 年 4 月底，苏州获得解放，7 月初经河南省人民政府派人将全校师生员工及图书设备一齐接回到开封。农学院马上重新建立起来，担负起新时代农业教育和研究的任务。

2. 编制

拟议中重新建立的农学院，她的教学研究需要理论与实践相结合，并和河南省农业上的实际需要取得密切的联系。因此院长是由农业厅长兼任的，另外设立副院长和秘书各一人，组成院长办公室，推进院务工作。院长办公室里设置教务和注册两组，各设组长一人，干事两人，协助秘书进行教学和学习工作。在教学和研究方面，设立教学研究室，由教授和院长组成，便于边学边教；成立生物研究室，以病害、虫害和米丘林遗传学说为中心开展研究工作；设立农学、林学两系和兽医班，从事与各系班专业有关科目的教学和研究工作。

3. 课程规定

因为要实施新办法，旧有的教学课程科目需要加以变更，至于详细的规定，还需加以研究。

4. 教学及辅导方法

农学院的教学研究，必须以河南当前的农业问题作为对象，教学方面分为正规大学和短期训练两大类。正规班打算在前两年里，把基本的功课一齐学完，适应土改后农业上的需要，就把这批毕业了的学生一齐分派出去实地工作一二年，然后把志愿深造、工作努力、资质优秀的学生再招回到院里来学些更专门的学科，并且参加研究工作，两三年后，提出论文，再经过学科考试，合格以后，使其毕业，或者授予学位。

短期训练班配合实际工作的需要，对于某一科目和它的最相关的课程，施以短期而且集中的训练，学习期满而且认为满意的，就可让他们结业分派工作。

此外，更在农闲的时候，召集邻近县份的农村劳模、积极分子和有经验的老农，举行讨论班，使院内和农村的经验得以交流，理论和实践密切结合。

5. 图书仪器设备（略）

6. 教授、讲师、助教任职情况

姓名	职位	拟任课程	备考
王金吾	教授	经济作物、棉作、特作	原河大农学系
刘祝宜	副教授	农业概论、麦作	原河大农学系
魏中谷	副教授	地质学	原河大农学系
何子平	副教授	昆虫形态、昆虫生理、园艺、害虫	原河大农学系
孟宪曾	讲师	病虫害防治、细菌学、微生物学	原河大农学系
冯景异	讲师	昆虫研究、昆虫学暨经济昆虫学	原河大农学系
余正斋	讲师	农场实习	原河大农学系
訾天镇	助教	烟草栽培及特作	原河大农学系
王鸿熙	助教	植物病理	原河大农学系
鲍耀州	助教	作物学	原河大农学系
陈治华	助教	土壤及肥料学	原河大农学系
袁惠民	讲师	蔬菜园艺、栽培	原河大园艺系
刘延庄	助教	园艺加工	原河大园艺系
李春楼	技师	畜牧	原河大农场
朱锡麟	技师	农场	原河大农场
王清瑞	技师	园艺	原河大农场
吴绍骙	教授	遗传学、作物育种	农学系新聘
彭同生	教授	土壤学及肥料学	农学系新聘
穆象极	讲师	造林学原论、农场实习	原河大林学系
罗鸣福	助教		原河大林学系
长立道	助教		原河大林学系
娄文荣	助教		原河大林学系
贾成章	教授	森林利用、气象学	林学系新聘
张元龙	副教授	普通生物学、生物技术	原河大生物系
张祥卿	副教授	普通生物学、动物学、植物学	原河大生物系
邓之真	讲师	普通生物学、脊椎动物学、植物生理	原河大生物系
苗叔陶	讲师	普通植物学、寄生虫学	原河大生物系
郭凤阁	讲师	普通植物学、无脊椎动物学	原河大生物系
时从夏	讲师	植物形态学、植物分类学	原河大生物系
姚鹏凌	助教	动物生理及遗传学等实验	原河大生物系
杜心莲	助教	比较解剖实验	原河大生物系

7. 学生现有人数及历届毕业人数

现有学生自苏州随院回到开封参加学习的共 87 人，其中农学系作物组 44 人，农学系植病组 8 人，林学系 10 人，园艺系 25 人。

自 1928 年（民国十七年）6 月第一届起，至 1949 年（民国三十八年）6 月第 22 届，共毕业学生 467 人，其中农学系 305 人，林学系 82 人，畜牧系 4 人，园艺系 76 人。

附件 2　河南大学农学院 1950 年度概况

河南大学农学院农学系 1950 年度概况表

（1）沿革	本系教师都经过了 6 个月本校研究班的学习，二、三级学生系前河大学生，1949 年 8 月由苏返汴，在本校经过 6 个月的政治学习，本年 3 月转入正规院系，本系便开始成立，一年级学生系本年暑期考入，经过两个月预科（政治）学习，于 12 月 3 日开始业务学习
（2）发展计划	本系为配合目前河南粮棉增产及其他农业建设工作，培养具有先进的农业生物科学理论基础并掌握农艺作物生产技术的人才，因此目前本系的任务一般与农艺系相同，今后拟扩充为农艺组、园艺组及土壤组，并力求教授阵容的加强和设备的充实

（3）教学组织

名称	负责人姓名	参加人数	教学研究工作
农业教研组	刘同忻	23	研究课程；改进教学法；进行各项调查以充实教材；与业务机关合作进行各项试验。

（4）教师与课程

姓名	职别	本年所开课程	周时数	姓名	职别	本年所开课程	同时数
刘同忻	教授	遗传学、花生、甘蔗	4、4、4	刘延庄	助教		
吴绍骙	教授	玉米、玉米育种	4、4	王清瑞	助教		
王直青	教授	棉花、麻	4、4	徐文波	讲师	气象学	3
刘祝宜	副教授	小麦、粟子及育种	4、4、4	扈康庭		普通化学	
魏中谷	副教授	地质学	2	姚铁奎	助教		
周国荣	副教授	田间技术、稻麦育种等	均为 4 小时	吕国梁	助教		
袁惠民	讲师	油菜	4	王浚明	助教		
陈西河	讲师	有机化学、普通化学	4、4	石克璋	助教		
陈治华	助教		安中州		助教		
鲍耀洲	助教	高粱、高粱育种	4、4	杜心田	助教		
訾天镇	助教	烟草、棉花育种		徐炳南	助教	英文	
				刘养之	讲师	英文	

（续）

<table>
<tr><td colspan="16">（5）学生人数、修业期限及入学程度</td></tr>
<tr><td colspan="3">总计</td><td colspan="3">一年级</td><td colspan="3">二年级</td><td colspan="3">三年级</td><td colspan="3">四年级</td><td>修业年限</td><td>入学程度</td></tr>
<tr><td>总计</td><td>男</td><td>女</td><td>计</td><td>男</td><td>女</td><td>计</td><td>男</td><td>女</td><td>计</td><td>男</td><td>女</td><td></td><td></td><td></td><td></td></tr>
<tr><td>109</td><td>89</td><td>20</td><td>45</td><td>32</td><td>13</td><td>39</td><td>32</td><td>7</td><td>25</td><td>25</td><td></td><td></td><td></td><td></td><td></td></tr>
</table>

<table>
<tr><td colspan="8">（6）每月全系（科）经费及来源</td></tr>
<tr><td rowspan="2"></td><td rowspan="2">总计</td><td colspan="2">教师工资</td><td colspan="2">职工工资</td><td colspan="2">助学金</td><td rowspan="2">经费来源</td></tr>
<tr><td>人数</td><td>工资总数</td><td>人数</td><td>工资总数</td><td>人数</td><td>总数</td></tr>
<tr><td>当地单位（斤）</td><td>10 395</td><td>21</td><td>7 415</td><td>7</td><td>1 300</td><td>33</td><td>1 680</td><td rowspan="2">中央教育部</td></tr>
<tr><td>折合人民币（元）</td><td>10 395 000</td><td></td><td>7 415 000</td><td></td><td>1 300 000</td><td></td><td>1 680 000</td></tr>
</table>

（7）设备及估价	本系设备因前河大在战争期间损失甚多，今年计划购置一部分，以供教学上的必需，此项设备估价约人民币 20 000 000 元	（8）与业务部门的联系	调查工作与河南省农林厅合作，试验工作与开封市农业试验场合作，经费方面没有补助
（9）附属单位	本院有 70 亩地，供试验研究用，附属本系管理，有工友 4 人		
备考	二、三年级学生学习时间缩短，三年级 9 月底毕业，二年级明年 4 月底毕业。本系无系主任，以农学院研究室主任代系主任		

河南大学农学院森林系 1950 年度概况表

（1）沿革	本系与 1927 年 6 月底成立于前河南大学，1949 年 8 月师生由苏州迁回，教师经过 6 个月本校研究班的学习，学生经过 6 个月的政治学习后，本年 3 月重新建立本系，原有学生 4 人已于暑期毕业，现只有一年级
（2）发展计划	最近 3 年内以培养荒沙造林及测量调查人才为主，拟于 1953 年分为森林经理、森林利用及造林三组。目前问题是教学干部太少，设备太差

<table>
<tr><td colspan="4">（3）教学组织</td></tr>
<tr><td>名称</td><td>负责人姓名</td><td>参加人数</td><td>教学研究工作</td></tr>
<tr><td>森林教学小组</td><td>贾耀岐</td><td>9</td><td>木材病况调查；木材习用单位调查；毛白杨嫁接试验；林木耐碱性研究；开封附近林木生状况调查；编写有关教材</td></tr>
</table>

<table>
<tr><td colspan="10">（4）教师与课程</td></tr>
<tr><td>姓名</td><td>职别</td><td>本年所开课程</td><td>周时数</td><td>姓名</td><td>职别</td><td>本年所开课程</td><td>同时数</td></tr>
<tr><td>栗耀岐</td><td>教授</td><td></td><td></td><td>罗鸣福</td><td>助教</td><td>森林测量</td><td></td></tr>
<tr><td>贾成章</td><td>教授</td><td>森林立体学</td><td></td><td>苌立道</td><td>助教</td><td>树木学</td><td></td></tr>
</table>

（续）

（4）教师与课程							
姓名	职别	本年所开课程	周时数	姓名	职别	本年所开课程	同时数
贾祥云	教授	日文		姜文荣	助教	森林苗圃	
萧位贤	教授	森林计算		魏全龄	助教	高等教学	
穆象吉	讲师	森林测量					

（5）学生人数、修业期限及入学程度													
总计			一年级			二年级		三年级		四年级	五年级	修业年限	入学程度
计	男	女	计	男	女							3年，不包括实习时间	高中毕业生
36	27	9	36	27	9								

（6）每月全系（科）经费及来源								
	总计	教师工资		职工工资		助学金		经费来源
		人数	工资总数	人数	工资总数	人数	总数	
当地单位（斤）	7 980	9	6 210	2	350	27	1 420	中央教育部
折合人民币（元）	7 980 000		6 210 000		350 000		1 420 000	

（7）设备及估价	测量仪器约值人民币200 000 000 元；测树仪器约值人民币5 000 000 元；各种标本约值人民币1 000 000 元	（8）与业务部门的联系	受本省林业局委托举办森林专修科，经费由林业局供给；帮助林业局作豫东沙荒调查及伏牛山勘查林地区划等工作

（9）附属单位	受河南省林业局委托举办森林专修科和森林造林组、森林经理组，共有学生47 人

备考	

河南大学农学院植物病虫害系 1950 年度概况表

（1）沿革	本系为本年暑期成立，学生暑期考入，9 月入学，经过两个月的预科政治学习，12 月 3 日开始业务学习；本系老师都经过了 6 个月的思想改造，仅 2 人未参加
（2）发展计划	本系最近几年以发展专修科为重点，兼短期训练班。拟于明年分为病理学系及昆虫学系，培养农业病虫害防治方面的中下级领导干部；教学设备不够，教学干部少，研究工作不易展开

（3）教学组织

名称	负责人姓名	参加人数	教学研究工作
虫害组	陈兆骝	5	小麦品种条锈病抗病性鉴定试验、小麦条锈病防治试验、大麦坚黑穗病防治试验、烟草黑胫病研究、棉花炭疽病防治试验、芝麻枯萎研究、黄豆褐斑病研究、高粱黑穗病防治试验等 35 项
病害组	袁嗣令	6	
生物组	时华民	8	

（4）教师与课程

姓名	职别	本年所开课程	周时数	姓名	职别	本年所开课程	同时数
陈兆骝	教授	专修科虫害学	4	郭田岱	讲师	本科、专修科动物学	4
冯笑尘	讲师	专修科虫害防治学	4	苗叔陶	讲师	本科、专修科植物学	4
何子平	副教授	三年级虫害防治	5	姚鹏凌	助教	专修科植物学	4
袁嗣令	副教授	专修科病害学	4	杜心莲	助教		
孟亦鲁	讲师	专修科病害防治	4	杨有乾	助教		
王鸿熙	助教	专修科病害防治		徐盛全	助教		
张文友	副教授	专修科细菌学	4	王守正	助教		
时华民	副教授	本科植物学（分类）	4	李秀生	助教		
张祥卿	副教授	本科植物学（形态）	4	丁宝张	助教		
吴丁	助教						

（5）学生人数、修业期限及入学程度

总计			一年级			二年级			三年级			修业年限	入学程度
计	男	女	计	男	女							3 年	高中毕业
26	22	4	26	22	4								

（续）

（6）每月全系（科）经费及来源							
	总计	教师工资		职工工资		助学金		经费来源
		人数	工资总数	人数	工资总数	人数	总数	
当地单位（斤）	10 035	19	8 430	4	800	15	805	中央教育部
折合人民币（元）	1 035 000		8 430 000		800 000		805 000	

（7）设备及估价	虫害组设备估价 2 000 000 元人民币； 病害组设备估价 20 000 000 元人民币； 生物组设备估价 189 878 000 元人民币；	（8）与业务部门的联系	开封农场、河南省粮食局及开封粮库、中南科学研究所、华北农业科学研究所、河南省病虫害防治所
（9）附属单位			
备考	病虫害专修科经费由河南省农业厅供给；修业年限不包括实习时间		

河南大学农学院畜牧兽医专修科 1950 年度概况表

（1）沿革	本专修科于本年暑期成立，9 月初新生入学，经过两个月预科政治学习，12 月 3 日开始业务学习
（2）发展计划	本专修科为配合目前政府大生产计划而设，以培养兽医技术干部为重点，计划于 1951 年夏成立畜牧兽医系，系科同时并存；1953 年分设畜牧及兽医系，培养健全的畜牧与兽医干部。专科毕业者可轮流调入深造，使其技能与系毕业者相当或更高

（3）教学组织			
名称	负责人姓名	参加人数	教学研究工作
畜牧兽医教学组	阎慎予	4	研究课程内容，研究并改造教学方法

（4）教师与课程							
姓名	职别	本年所开课程	周时数	姓名	职别	本年所开课程	同时数
阎慎予	科主任						
周正	副教授	兽医药物学、家畜饲养学	4　4				
郭中央	讲师	家畜饲养学	3				
蒋鸿宾	副教授	农畜解剖学	4				

（续）

（5）学生人数、修业期限及入学程度											修业年限	入学程度
总计			一年级			二年级			三年级	四年级	一年半学习，半年实习	高中毕业
计	男	女	计	男	女	计	男	女				
60	55	5	60	55	5							

（6）每月全系（科）经费及来源							
	总计	教师工资		职工工资		助学金	经费来源
		人数	工资总数	人数	工资总数	人数	总数
当地单位（斤）	1 720	2	1 520	1	200		河南省农业厅
折合人民币（元）	1 720 000		1 520 000		200 000		

（7）设备及估价	本专修科系新设，图书仪器完全没有，本期由农业厅拨款购置，主要实习勉强可做，设备总值约人民币2亿元	（8）与业务部门的联系	与农业厅畜牧兽医处密切联系，与兽疫防治队血清厂、畜牧兽医站取得数位一体之联系，配合进行工作，经费由农业厅拨付
（9）附属单位			
备考	同学费用（包括伙食、学习用品）全由农业厅供给；阎慎予先生暂不在本院，由农业研究室主任代科主任领导本科工作		

郑州篇（上）

第十一章　河南农学院（1957—1971 年）

（执笔：刘向阳、李湘、李潞、轩栋栋）

为满足教学实习的需要，扩大办学规模，确定永久校址，以促进学校更加稳定地发展，1957 年 2 月学校到郑州办学。2018 年暑期，烟草学院社会实践小分队重走郑州办学路，查找相关历史资料，走访当时的见证者，汇总农大在郑州的发展之路。通过这一活动，实践小组重温办学历程，对校史有新的了解，感悟办学初心，从而提高了要学好专业的认识，立志为农大发展贡献自己的力量。

第一节　办学历程

名称： 河南农学院

时间： 1952—1971 年

校址： 郑州市文化路

负责人： 据相关历史资料记载，从 1956 年 5 月到 1967 年 9 月，许西连任当时的河南农学院院长。

经审批，中共河南省委于 1957 年 9 月批准河南农学院成立了党委会。党委书记由宋辛夷担任，马任平任副书记，常委有许西连、赵树才、傅克强等人。

1959 年 4 月，河南农学院召开了第二次党代会，中共河南农学院第二届党委会成员在大会上选举产生。宋辛夷任党委书记，常委委员有许西连、刘振国、李志刚、赵树才等。这一年4月份还召开了全院职工代表大会，选举产生了以许西连院长为主任，宋辛夷、吴绍骏为副主任的由31人组成的院务委员会。紧接着又召开了团代会和学代会。

1962年3月，河南农学院召开第三次党代会，选举产生了第三届党委会，宋辛夷任党委书记，毛克忠、李希琪、刘振国、许西连担任常委。

1962年4月，经院长提名、党委同意，上报教育厅获批准成立院务委员会。主任委员由许西连院长担任，副主任委员为吴绍骏、刘振国，刘同圻等共21人担任委员。

办学历程：迁往苏州的河南大学师生返回开封后，文、理、法、农、医、工6个学院统称"河南大学文教学院"。随后，扩建后的河南大学调整为4个学院，在校学生1 800人，教职工500余人。

农学院：由河南省教育厅副厅长许西连兼任院长，下设水利、森林、病虫害、畜牧兽医4个系，培养农、林、水利工程方面的高级技术人才。

1952年7月，政务院教育部提出了"以培养工业建设人才和师资为重点，发展专门学院，整顿和加强综合性大学"的方针，但在实际执行中只强调了整顿和成立专门学院。这项工作首先以华北、华东、东北为重点全面推开，至1952年年底全国已有3/4的高等学校进行了院系调整。根据这一方针，河南大学农学院独立设置为河南农学院（今河南农业大学）。

1953年，政务院教育部进一步明确全国高等院校院系调整以中南区为重点，中南区又以河南大学为重点，华北、华东、东北三区进行专业调整，西北、西南两区进行局部的院系调整和专业调整。于是，农学院畜牧兽医系调往江西农学院，植物病虫害系调往武汉华中农学院。

河南农学院自1952年成立以后，教学活动以禹王台为中心开展。然而禹王台是开封市的主要游乐场所之一，游人往来络绎不绝，导致教学工作受到了极大的干扰和不良影响。另外，禹王台附近能被开发的可耕地面积极小，使得河南农学院在当时的条件下不能进行大规模的院校建设，致使学生学习中应有的教学实习环节得不到实现，这严重影响了办学规模的不断扩大。

基于这些原因，河南农学院于1953年9月25日上报中央高教部、中南高等教育管理局及河南省人民政府，请求及早确定永久校址。在得到我院申报行文后，有关部门随即多次派员进行实地考察，农学院也多次派人在开封、郑州两地考量比较选择校址。经过多次实地考察和深思熟虑，1955 年 1 月 7 日，学校提出在郑州建校的建议。1955 年 11 月 25 日，中央高等教育部向国务院第二办公室提交批准河南农学院迁郑州建校的请示。翌年，中央高教部与中共河南省委员会共同下达了国务院第二办公室决定，河南农学院获批迁至郑州市。在中央高等教育部、河南省计划委员会的支持协助和河南省人民政府第二办公室的正确领导下，河南农学院经过一年的努力，完成了购置建设校园土地 500 余亩、教学试验农场用地 1 400 余亩和第一期建筑校舍 14 795 平方米的任务。最终于 1957 年 2 月，河南农学院成功迁校至郑州市文化路新校址。

1966 年 5 月至 1976 年 10 月发生了"文化大革命"，在十年动乱期间，河南农学院遭到严重破坏，并于 1971 年 8 月从郑州迁往许昌。

第二节　教学工作

教学概况：河南农学院紧跟党的步伐，认真学习中央和农业部的文件，根据文件指示严谨制定相关教学计划，合理开展教育教学工作。本着终身学习和教学相长的原则，河南农学院每年都会召开教学工作会议，教师们交流总结教学经验，共同讨论制定教学工作，统一"以教学为主"的办学思想。

1960 年 3 月，全国文教书记会议提出要"多快好省地实现教育革命"，要求各高等院校贯彻"缩短学年，提高程度，减省学时，增加劳动"的原则。学院在 1962 年调整专业设置的基础上，根据这一原则修订教学计划。修订后的教学计划为：农学、林学等专业四年制；教学为 154～162 周，劳动 18～20 周，假期 30 周；课程 28 门左右。新教学计划课程设置贯彻全面发展、因材施教的原则，加强数、理、化与专业基础课相结合，提高学生的综合能力。

1969 年从商丘县撤回斗、批、改人员时，应当地群众的要求，在商丘县李口公社五里杨大队留下一个教学分队，该小分队由副院长吴绍骙教授和各系 30 多位教师组成。

1970—1973 年，应原来战备疏散地遂平县的要求，学院派出教师帮助该县办了一所农校，招生 4 期，为该县培养了大批农业技术人才，并在全县推广了科学种田，提升了当地农民生产能力，极大提高了当地农业产量。

1971 年还开办了 1 个"五七"农业试验班，用通俗易懂的语言为农民朋友讲授生产专业知识。

系部设置：河南农学院是一所高等农科专门院校，因此学科的设置应为农业生产发展推波助力，为国家建设添砖加瓦，为广大农民生产服务。迁址到郑州后，河南农学院根据国家教育部文件，联系自身实际科学建设学科部系，不断开设新专业、新部系，丰富学院办学类型。

1958 年的暑期，除原有农、林两系外，为满足农业生产不断发展的需要，学校通过决议增设果树蔬菜和畜牧兽医两个部系。

经河南省教育厅批准，学院于 1959 年 7 月增设园林系，扩大植物保护、木材加工两个专业的招生人数。此时全校设有农学、林学、园艺、畜牧兽医 4 个系，农学、植保、林学、木材加工、果树、畜牧 6 个专业。同年 10 月，经农业厅批准，原由我校协助筹办的偃师小麦学校归属我校，并改名为"河南农学院附属小麦学校"。

在 1960 年暑期，河南农学院本着大发展、大提高的精神，在原有 3 个系（农学、林学、畜牧兽医，1959 年增设的园林系又与林学合并）的基础上，增设了植物保护、土壤农化、农业机械化 3 个系，与此同时，一度撤销的园林系被恢复，并改称园艺系，专业设置也在原有的 6 个专业外，开设土壤农化、生物物理、居民区绿化、森林保护、兽医、蔬菜、农机 7 个本科专业和 1 个气象专修科。不久之后，按照省委豫发字第〔60〕815 号文的批示，河南农学院新设的农机系与郑州农业机械化专科学校合并，建立了河南农学院农业机械化分院。该分院设有农业机械化专业大专部和中专部。此时，河南农学院共设 7 个系和 1 个分院，14 个本科专业和两个专科（农业气象、农业机械化）专业。这一时期是河南农学院系科、专业最多的时期，也是学校继 1956 年后的又一次飞跃发展。

截止到 1962 年 4 月，学校共保留农学、林学、园艺、畜牧兽医、农机 5 个系，农学、土化、植保、林学、果蔬、畜牧兽医、农机 7 个专业。同时对教学组织也进行了调整，43 个教研组减为 37 个。

师资力量：建校初期，河南农学院师资力量极度缺乏，到1951年7月学校仅有教授10人、副教授9人、讲师17人、助教28人，然而这64人却担负着4个系的教学工作。因此，当时教师队伍显现出人数太少，结构不合理的特点，另外，师资力量团队中老年教师和青年教师多，中间力量少。学校在师资力量正常维持教学这种情形下，导致有些课程不能开出，不得不请兄弟院校支援。

但是，河南农学院对师资力量的建设没有停止。学校到1957年时，全院教师已有147人，教师队伍中教授11人，副教授5人，讲师33人，助教98人。不可否认，学校的教学任务已经完全可以被这支教师团队承担起来了，所有课程都能按全国统一标准进行讲授。

此后，学校开始在教师教学和科研水平方面继续下工夫。为此，学校制定了1962—1965年师资培养规划。规划大致方面为：要求5年内要有1/4的讲师达到副教授水平，在1959年前毕业的助教要求1/4要达到讲师水平，并制定了各项具体措施。

学校在原来制定的5年师资规划基础上，又制定了1963—1972年10年师资培养提高规划。在制定规划前，学校相关工作人员对河南农学院当时的师资力量基本情况进行了充分调查分析，结果如下：在1952年建院时，河南农学院仅有教师60余人，到1957年时教师增至150人左右，至1963年发展到281人，师资团队中正、副教授共15人，占教师总数的5%，讲师共有63人，占教师总数22%，学校助教203人，占教师团队总数的73%；教师的政治面貌为45名党员，占教师团队总数的16.3%，101名团员，占36.6%，党团员共占53%。学校根据以上调查的情况结合教学工作的要求制定了培养提高规划，并确定10名骨干教师，制定重点培养措施。

实验场站：农业教学一定要注重理论与实践相结合，唯有实践出真知。"教育为无产阶级政治服务，教育与生产劳动相结合，知识分子与工农相结合"是河南农学院一直积极响应的号召，学校实行教学改革，开办实地教学。1958年暑假后，继续组织各年级学生分别到孟津、信阳、郾城、禹县等多地和郑州郊区各校外教学基点参加生产劳动，开展现场教学。留校师生除了参加农场劳动外，还开始大办工厂，期间陆续建立起了细菌肥料、农药、兽药、农机修配、生物标本、木材加工、蘑菇、土壤分析、玻璃、肥料、仪器、耐火砖和炼钢、炼焦 13 个工厂，产品多达 70 种。

第三节　科学研究

河南农学院是国家高等农业本科院校，必须坚持以农业、农村、农民的技术需求为动力，坚持为国家农业发展做出贡献的思想目标。河南农学院深刻明白自己的责任，取得许多科研成果，为广大农民群众以及国家的农业发展做出许多贡献。

从 1959 年到 1971 年，学校总结建国 10 年来的科研成绩。10 年中全校共完成 561 项科研项目，写出 1 235 篇专题论文。在作物育种方面，与有关单位合作，育出了玉米综合新品种"混选一号""豫农一号""豫双一、二、三号"等。植保方面，学校积极与中南农科所、省农林局、南阳地区农业试验站合作开展研究的小麦吸浆虫及首创的拉网法，曾受到中南农林部的嘉奖。在畜牧方面，学校完成关于测定南阳黄牛及项城猪的 8 项生理指标。农、林、畜各方面，开展了 40 多项重大项目的研究，成果颇丰。

学校农场生产方面，在 1959 年，共有 152 亩小麦，其亩产可达到 674 斤，其中 72 亩已经达到 713 斤的高产。在树木苗木生产方面，诸如侧柏、泡桐等亩产苗量已经接近国内先进水平。

1960 年 6 月，实验农场小麦获得大面积丰收，小麦的总产量与 1959 年相比增产 30％以上，其中，实验农场小麦有 44 亩突破千斤的高产，最高亩产可达到 1 164 斤，这一项大收获让学校受到国家教育部的嘉奖。6 月，学校收到来自教育部的贺电。

第四节　社会贡献

1965 年，学校向农村提供了"阿夫"小麦良种，9 万斤的"豫农一号"玉米良种，1 万斤的黄豆良种，80 万棵的优良甘薯苗，5 000 只 11 个品种鸡，3 000 个种蛋，苹果苗 5 000 株，4 000 棵葡萄苗以及 10 万棵各种树苗和 100 斤蔬菜良种。

第五节　重走日记

7月5日　星期四

河南农业大学烟草学院"重走抗战办学路之郑州"社会实践小组团队集合完毕，开始找寻属于农大的"郑州记忆"。

1. 胶卷中的回忆：省图书馆探寻之旅

出发第一天，团队分为两个小队分别前往省图书馆和省史志办。还未出发之时，我们就已经对省图书馆期待满满。这个建于清宣统元年，同时也是河南省建立最早的图书馆，承载着太多太多的文化痕迹。考虑良久，鉴于河南省图书馆是国家兴办的综合性公共图书馆，是河南省科学、教育、文化事业的重要组成部分，也是各类文献最集中的信息中心，最终我们将此定为探寻"记忆"的首站之一，希冀能得到许多令人惊喜的收获。调研主要从关于郑州的历史性的报纸报刊以及郑州地方年鉴中找寻农大在郑州的发展历程。出发前，团队已与图书馆工作人员做好了沟通。团队抵达省图书馆，在工作人员指导下，有目的地在图书馆五楼历史报刊查阅室中查阅郑州晚报、河南日报等胶卷资料。

我们本以为需要翻找成堆的陈年报纸，并担忧我们的翻阅会不会对记有珍贵历史的报纸有损坏，但到达历史报刊查阅室后才发现这种担忧是多余的。图书馆对早期的报纸采用胶卷的形式进行保存，同样是在工作人员的指导下我们学会使用胶卷播放的放映器，有一种早期电影放映机的感觉。看着报纸图片随着手柄摇动一一显现在我们面前时，我们激动万分，报纸画面一张一张地转动着，向我们诉说着属于郑州的"记忆"。我们紧紧地盯着放映屏幕，尝试找出关于农大发展的点点滴滴。

在历史报刊查阅室里收获并没有很多，这让团队成员都有些丧气，可工作人员的一句话瞬间让我们重拾希望。工作人员说在"地方年鉴室"应该会找到一些我们想要的资料。地方年鉴室里面保存着河南省绝大部分地区的发展年鉴，终于，我们在查阅《郑州年鉴》时，找到了关于河南农业大学的记载。记载中提到十年动乱期间，河南农学院遭到严重破坏，各系分别辗转迁徙至商丘、遂平、汝南、信阳县明港、许昌县红桥等地，教师被大批调走，仪器设备遭到严重损坏，停止招生达六年之久。为响应毛泽东主席"农业大学要搬到农村去"的指示精神，河南农学院于1971年8月从郑州迁往许昌整体办学，校址在市区以南约10公里处的许昌县（现建安区）蒋李集镇，直到1982年才基本搬回郑州原址办学。当时郑州的校园已被河南中医学院占用，我们连最基本的教室、桌椅板凳都没有，办公、上课都在临时搭建的简易房中进行。但无论条件多么艰苦，环境多么恶劣，自强不息的农大教职工总能克服困难、艰苦奋斗，以坚定的信念、惊人的毅力履行着为农业、农民、农村服务的职责。就在那样困难的年代，那样艰苦的环境中，学校在小麦、玉米等主要农作物高、稳、低、优的研究中，取得了丰硕成果，获得了国家和省级的重大奖励，为解决河南九千万人民乃至全国人民的温饱问题做出了不可磨灭的贡献。

合上手中的年鉴，我们静默了，想象着动乱年代学校的艰难前行，同时对自己是农大学子而感到骄傲与自豪。想起原中共中央政治局常委李长春同志曾讲到：河南能有白面吃，河南农业大学功不可没。在当时物质资源匮乏、吃不饱穿不暖的条件下，农大知识分子用精神食粮慰藉自己，不怕吃苦投身农业研究，获得高产农作物，帮助全国人民解决温饱问题，这样的忍耐力和毅力令人敬佩！

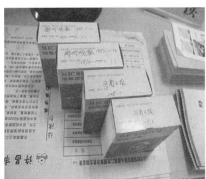

河南省图书馆中实物资料

河南省图书馆留影

2. 扑面墨香：史志办中的寻觅

探索第二站——省史志办。在图书馆小分队转动报纸胶卷放映机的同时，史志办小分队到达了河南省地方史志办。史志办中所存放的历史年鉴资料和其他历史记载性资料详细记录了河南农业大学的发展历程。

我们在工作人员的指导下，对省志中教育篇部分进行了查阅，在河南省各高校中找到河南农业大学，了解了农大飘摇的校址变迁过程。此次史志办之行，使得小组对农大的历史发展有了更充分的了解和认识，小组爱校荣校兴校之情更加浓厚。

当我们翻开一本本厚重的史志时，书页间的墨香便扑面而来，带着它特有的味道向后人娓娓道来。我们通过查阅这些报刊年鉴得知，河南农业大学迁址到郑州之后的发展建设以及克服的重重磨难。1952年，农学院从河南大学独立出来，成立了河南农学院。当时根据上级精神，学校的畜牧兽医系并入了江西农学院，植物保护系并入了华中农学院，这大大削弱了成立初期河南农学院的教学、科研力量。1956年，学校从开封搬到郑州办学，既要补充师资，又要重新建校，确实困难重重。但农学院的全部师生上下一心克服重重阻碍，加上上级的支持和帮助，闯过了独立建校的难关。可想而知，那时的农大人要有多大的勇气和毅力才能攻克这一道道难关，这种百折不挠艰苦奋斗的精神值得我们学习和传承！

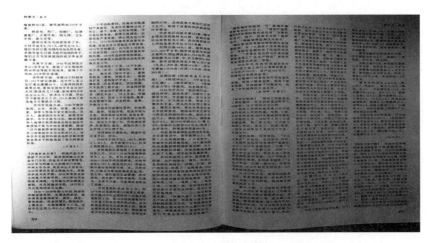

河南省史志办实物资料

从定校址到逐步发展、从被迫迁校再到重回郑州重新起步，农大以它特有的顽强和毅力在慢慢发展，在时间的打磨中，逐步形成今日的以"农"为特色的高等院校。我们仿佛看见了那些印在年鉴志书上面的文字所映出的画面，看见了农大学子刻苦学习的身影，看见了农大发展的坚定步伐，看见了它在岁月中成长的轨迹。

在史志办门口留影

向老师询问相关资料

7月6日　星期五　晴

探索第三站——农大校史馆。6日下午，团队成员共同走进校史馆。当工作人员帮我们打开校史馆大门时，我们就仿佛置身于农大发展的百年历史长河中。

校史馆中很安静，进入校史馆之后我们轻步不语，感受着农大的特殊气息。我们看见了第一批迁校学子的合照，风华正茂，挥斥方遒；看见了最早期的学校东门，看见了早期的操场和一号楼，一种陌生但是又带着因是农大旧建筑而伴随着的亲切感；看见了一张张审批文件图片，那是经历了多少努力才被允许迁校、定址的见证啊！我们在校史馆中对照着学校的建筑模型，感叹着这是经历了多少变迁和改变才稳定下来的辉煌。团队对先前在省图书馆和史志办寻找的资料进行汇总后怀着敬畏之心参观校史馆。百年农大，在风雨飘摇中一路走来，以勇者的姿态打倒拦路虎，以智者的睿智建设农大，以仁者的心境教书育人。从校史馆出来的那一刻，成员们对农大诚挚的热爱之情，强烈的爱校荣校兴校之意油然而生。结束参观，一行人的心情久久不能平复，校史馆的图片和文字并没有告诉我们曾经有多么艰难，我们却能从意气风发的农大学子、历经风霜的教学楼、正规严肃的审批文件中感受到，农大人才能领味的骄傲和叹然。

采访门卫师傅

团队成员合影

校史馆的门卫师傅成为了我们"重走办学路"采访的第一人，面对镜头时，师傅刚开始还有些拘谨，但是当谈及师傅眼中的农大发展时，他开始侃侃而谈。我们从师傅的描述中，见到了不一样的农大。"农大嘛，首先就是在农作物上的研究真的很厉害啊，学校的玉米、烟草，再到你们现在牧医方面的发展，很是让人欣喜啊！"师傅的话让我们突然发现，我们一直在学校中学习，好像忘了去了解这座我们要生活四年甚至更久的院校所作的努力和发展。不识农大真面目，却只是因为少了那颗要去了解它的真心。

7 月 7 日　星期六　晴

探索第四站——实地走访。为多角度客观了解农大在郑州的办学发展，我们小组对宫长荣教授和农大周边人士进行走访。

宫长荣教授是我校 77 级学生，毕业后留校任教。宫教授为我们讲解了从自己 1977 年入校开始的农大的发展。从最初学校简陋的仪器到现在科学技术飞速的发展，最后他对农大学子寄语：脚踏实地，立足长远，从小处着手，从大处着眼，知识也好，眼光也好，要长远一点，不管以后干什么都很有用。

在校园随机采访

随后，小组成员在校园中进行了随机采访，想听到农大，这个经历了百年风霜的学校在路人眼中是怎样的。满目疮痍、条件艰苦是许多受访路人形容农大从许昌迁回郑州时的关键词。但是农大就在那样困难的年代，在那样艰苦的环境中，学校在小麦、玉米等主要农作物高产稳产的研究上，取得了丰硕成果，获得了国家级和省部级的重大奖励，为解决河南九千万人民乃至全国人民的温饱问题做出了不可磨灭的贡献。

在校园随机采访

7月8日　星期日　晴

探索第五站——回归校园探索教学楼建筑发展。一行人在经历了前几天的探索学习之后，对学校在郑州的发展有了大致的了解，于是，我们决定重回校园，走在校园的每一条路上去感受时间在农大发展上留下的痕迹。

学校三次大搬迁，文化路校区是前辈们艰难而明智的选择。在激情燃烧的岁月里，他们建成了3号教学楼，并采用苏联高校学生宿舍楼的设计图纸，建成6号、7号两栋学生宿舍楼。到1956年底，完成了勘察、征地、规划、建设等诸多工作，使全院700多名教职员工和学生顺利迁至郑州新院址。此后的岁月又经历了外迁许昌、回迁郑州的波折。为了顺利搬回郑州，1979年9月，学校将基建办公室迁回郑州原校址10号楼内，开始对原校舍进行扩建、改建，建设了11号学生宿舍楼和学生食堂。1984年我校由河南农学院更名为河南农业大学，东校门的校牌沿用至今。20世纪90年代，3号楼加高为五层，进入21世纪，3号楼三层以上都改造成多媒体教室，依旧是主要教学楼。为了学校的发展，学校还建造了工程楼。

烽火已逝，农大精神犹存。通过搜寻资料和走访前辈，在实践中体会了前人的努力，感受了先辈们的坚忍不屈。传承农大精神，更像是再次亲身经历那烽火年代，更敬佩前辈的伟大，因此对农大的感情也愈加深厚。此次重走抗战办学路，通过亲身实践和走访把农大精神传递给更多农大学子，使懂农大爱农大之心愈来愈深切。

第六节　调查访谈

访谈宫长荣

宫长荣，男，1948年生，1977—1981年就读于河南农学院。教授，中共党员，博士研究生导师，烟草调制与加工学科方向带头人。主持省部级以上科研项目30多项，在国内外学术期刊发表学术论文140多篇，比较完善地创立了烤烟三段式烘烤理论和技术。著有专著和教材10多部，代表作有《烟草调制学》《烤烟三段式烘烤导论》等。代表性成果主要有"烤烟三段式烘烤理论及应用技术的研究""全国烤烟三段式烘烤工艺及其配套技术的研究与推广"等。曾获全国烟叶技术推广先进个人、全国优秀农业科技工作者、河南农业大学教学优秀奖、校级师德标兵等光荣称号。获省部级科技进步一等奖1项、二等奖3项、三等奖多项，发明专利1项，实用新型专利5项。

访谈宫长荣教授

7月7日，我们采访到了烟草学院调制大师——宫长荣教授。宫长荣教授向我们讲述了他的农大求学之路和他眼中农大的发展。

问：宫老师，您大学是在咱农大上的吗？

答：我们是中学毕业，该考大学没有考，我们叫老三届，一说老三届都知道了，中学出来工作十年，先工作十年才上的大学，那时候我来农大还是比较幸运的，我在咱们农大是状元，我分数比农大录取分数线高了差不多100分，应该说还可以，所以入农大学习是非常轻松的。我在大学的学习期间，图书馆我肯定是第一个去的，我去图书馆是去看书的，我还有一个机电学院的老师，我们两个先找杂志，几十本杂志，一本一本看，有用就抄下来，没有别的办法，只有抄，我在大学期间抄了一本词典，英汉烟草词汇词典，现在还保留着呢，再看一本，有用放这边，没用放那边。

问：您当时上学时代的条件怎么样呢？

答：我那会勤工俭学应该比现在的勤工俭学还要赚钱呢，但是总体条件肯定不比你们现在啊。求学那会我们每个人床头都有一个灯，怕影响别人，那灯罩都是特制的，一般这个灯都是靠着墙装，每个人床头都有个"书架"，实际上就是一块板，两个钉一钉，用绳子一拉就是书架了。

问：有什么您上学时代有趣的事情吗？

答：我们上大学那会儿吴绍骙老师给我们上过一次课，下着雪，大家什么事都可以不干啊，但这节课必须听。他讲的那些东西啊，百分之三十是明白的，百分之七十是不懂的，大概是在大二大三给我们讲的。最有意思的是丁宝章，农学系的系主任，他原本是不给烟草讲课的，他给别人上课我们去听课，那时候大家喜欢串着听，和现在学风是大不相同的，猎奇的人非常多。丁主任上课多次讲为啥农学叫农业系，农学就是研究种庄稼的，加起来就是庄稼、种子、种法、谁种，这就是农学院，农业系。

问：您后来留校工作，也是见证着农大的发展历程了，有什么想对我们现在这群农大学子说的吗？

答：你们这个时代是机遇非常多的，社会对你们的需求期望值也非常高，一方面脚踏实地，立足于长远，从小处着手，从大处着眼，将来社会对你们的需求是全方位的，所以你们的知识也好，眼光也好，要长远一点，不管以后干什么都很有用。社会发展快，我们思维进步更快，没有做不到的，只有想不到的。不管到什么时候，老师最骄傲的是学生，学生提出来的问题，老师都是最乐意回答的。

第七节　启发感悟

1. 重走风雨岁月，秉承青年之志

为更加了解建校办校历史，体会我校办学不易，培养荣校、爱校、兴校之心，秉承"明德自强、求是力行"的办学理念，弘扬"弘农爱国、厚德质朴、求真创新、包容奋进"的农大精神，我院积极响应学校号召开展了"重走办学路"系列活动。数天的调研，先是查阅资料全面了解，然后走访调研感同身受，经过一番努力，我们对河南农业大学的办学历程有了深入的了解，对于它起伏跌宕的发展道路感触颇深，更是希望自己的一些努力能对它有所帮助。怀着敬畏之心，我们重走抗战办学路，随着对农大坎坷办学史的深入了解，内心也是愈加自豪，也愈加热爱我们的河南农业大学！

2. 重走办学，重温风雨

为查找更多学校的校史资料，我们重走办学路小组分别前往河南省图书馆、河南省史志办以及校史馆进行调查。在图书馆的活动当中，我们翻阅了河南农业大学建校以来的大部分报刊如《郑州晚报》《郑州日报》，查找了《郑州市大事记》以及《金水区大事件》等相关书籍，从中了解学校办校的艰辛历程，那一幅幅鲜活生动的照片、一个个可歌可泣的故事，都深深打动着我们。

我们一页一页地翻开报纸期刊、史志文献，文字带我们回到过去，我们仿佛回到了那个风雨飘摇的抗战时期，看学校在那艰难的抗战时期举步维艰的彳亍着。物资匮乏、枪声遍野，信念支撑教书育人的理想；食不果腹、衣不避寒，精神开辟探索知识的道路；颠沛流离、居无定所，意志庇护琅琅读书的空间。危机四伏，前路坎坷，农大人永不退缩！此次重走郑州办学路，从省图书馆到郑州史志办，从文化路校区校史馆到图书馆，从对校史的一知半解到油然而起的自豪和立志要为农大而努力的决心。省图书馆查阅资料时的几近放弃，当面对时间跨度大、记载报刊和文献种类多时而产生犹豫，皆因为我们坚定着要对校史有深刻的了解，要做一名有理想、有追求的农大人而坚持了下来。自学校成立伊始，一代代河南农大人为此目标而殚精竭虑、奋斗不息，为解决河南人民温饱问题，保障国家粮食安全，促进经济社会发展做出了卓越贡献，这一美好愿望也成为河南农业大学和农大人铭记于心、始终担在肩上的责任和义务。

3. 回溯过去，倾听从前

"中国广大知识分子是社会的精英、国家的栋梁、人民的骄傲，也是国家的宝贵财富"。党的十九大上，习近平总书记对知识分子工作发表了一系列重要讲话和科学论断。学校在百余年的办学历程中，积极推进教育教学改革，着力提升学生学术知识素养，涌现出一批优秀且具有高素养的学术人才。为了更深入地了解河南农大学术人才的学习研究经历，学习他们在科研之路上成长的经验，我们重走办学路小组特此拜访了我院知名校友：宫长荣教授。

在拜访过程中我们了解到每一位为农大发展而努力的前辈们，他们的科研之路都不是一帆风顺的，尤其在过去恶劣的环境与艰苦的条件下，他们始终如一，怀揣一份初心，抱着强烈的探索与创新心态，勤奋刻苦、心无旁骛、脚踏实地的钻研精神是值得我们每一个人敬仰与学习的。他们始终谨遵"明德自强、求是力行"的校训，践行着"弘农爱国、厚德质朴、求真创新、包容奋进"的办学精神。科教兴国为己任，振兴中华担在肩。责任傍身，重担在肩，河南农业大学已走过百年。回首间，高峰低谷处，有的是数代农大人呕心沥血，艰苦奋斗。低谷处的拼搏，明德自强表现得淋漓尽致。高峰处的攀登，求是力行自是牢记心间。抗战时期的苦磨砺农大人的魂。变迁跌宕的难锻造农大人的魄。百年的风雨洗礼下，"弘农爱国、厚德质朴、求真创新、包容奋进"的农大精神代代传承，投身农业，扎根农村，帮助农民的初心始终不变。"农大人热爱绿色，甘愿为农业奉献"，重走之路，让我们看到了无数农大人为农业发展而忘我投入。为吴绍骙甘愿为农业发展而奉献的精神而钦佩，他不会因从国外带回来的自交系因战乱和到处奔波荡然无存而轻言放弃，一切需从头做起那便从头再来。为了筹措经费，他到处求援。他作为农业教育界和育种界的老前辈，辛勤耕耘数十载，桃李满天下。他秉承力行求是的教学态度，海纳百川的胸怀，永不居功的美德，言传身教，为祖国培养了大批高级农业建设人才，使他毕生从事的玉米育种事业后继有人。在访谈宫长荣时，为烟草学院宫长荣教授打开调制技术大门的自豪，这是身为烟草学子的自豪，是身为农大学子的自豪。他敢于创造、善于思考、脚踏实地、放眼未来，几十年围绕一个学科方向——烟叶烘烤而持之以恒不断钻研，力争专心做精做细，年少初心承农大而起，农大托起了一批又一批像宫长荣这样的承于农大、归于农大、奉献农大的行业先锋。我们在重走之路上，很幸运有机会完全了解到支撑百年农大发展的这些投入忘我的农大人！

4. 承农大志，开崭新篇

当我们走在百年农大的抗战之路上，我们见证了农大渴望建设一流农业大学的决心，以及所做出的努力。踩在前人的脚印上，我们感受到了艰辛，感受到了农大人肩上担子的重量。奔波在不同的机构间，我们将一片片分散的线索重新组合成粗壮的脉络，农大的历史景象慢慢地呈现在我们眼前。重走办学路更像是重走人生路，它提醒我们不忘初心。小组成员祁云蛟说："此次我们重走办学路活动，让我们重新认识到了农大精神，让我们以新时代青年人的角度去重新了解农大的发展，以青春的名义重新定义农大精神。此次重走办学路，从青年人出发，以青年人为主力军，以青年之姿态为农大发声，让农大百年积淀之后更具青春活力！"

漫步在文化路校区，感受着来自教学楼的倾诉，成员郑霖霖不禁感叹道："通过此次活动，我们仅仅是了解了农大在郑州的建校历程，如果要追溯到农大出生地，还需要我们不断的努力、探索，挖掘农大在历史长河中的足迹，对农大的建校历史有着真正意义上的理解。认识到昔日前辈们为了建设美丽农大所做出的伟大贡献，了解到农大建学之路的不易与艰辛，激励我们要在今后为母校的发展增添一份力量。作为一名农大人，在今后我们要牢记农大校训'明德自强、求是力行'，为农大创造更加灿烂辉煌的未来，尽到一个农大人应该有的责任。这种活动的开办，有助于增加我们对学校的理解、敬佩，让我们认识到作为一名农大人是一件很光荣的事情，今后也将继续不断地为农大奉献自己的能力。"参观完校史馆后，成员轩栋栋和邵秋晨激动不已，交流着关于农大的点滴："青年兴则国家兴，青年强则国家强。身为光荣的农大学子，我们深深地爱着学校，铭记着前辈们的辛苦付出，怀揣学农、爱农、兴农之心，为我校创造更加灿烂辉煌的未来！"

习近平总书记总是说：青年最富有朝气、最富有梦想。近代以来，我国青年不懈追求的美好梦想，始终与振兴中华的历史进程紧密相连。在革命战争年代，广大青年满怀革命理想，为争取民族独立、人民解放冲锋陷阵、抛洒热血。在社会主义革命和建设时期，广大青年响应党的号召，向困难进军，向荒原进军，保卫祖国，建设祖国，在新中国的广阔天地忘我劳动、艰苦创业。在改革开放时期，广大青年发出团结起来、振兴中华的时代强音，为祖国繁荣富强开拓奋进、锐意创新。青年人，是昂首奋进的新一代，在今天这样的优良环境下更要奋起拼搏，心怀匠心精神，传承青年之志。农大学子们不会忘了在从前，有那么一批又一批的奋进之士为农大而努力，农大学子们更要铭记，在今后，农大将有我们这一群新时代农大人在坚实的基础上大步向前！我们要学习历代农大人坚忍不拔、艰苦奋斗的精神，做新一代的出彩农大人，谱写"弘农爱国"的新篇章，留下属于自己的一片色彩。河南农大人百年来辛勤耕耘于中原沃土，与大地最亲近，性情不断得到大自然的洗练和陶冶，孕化出大地般的淳朴厚德。辉煌灿烂的黄河文化不仅为河南农大人提供了施展才艺本领的广阔舞台，而且也培育了河南农大人德泽育人、容载万物的独特大学品格。如同老黄牛一样，用智慧和汗水浇灌着河南高等农业教育这片园地，谱写下以教育和科技改造传统落后农业的不朽篇章。

第八节 建 议

通过这次重走河南农业大学抗战办学路，深刻体会到前辈的艰辛和不易，反省学习期间的懈怠与懒惰，更加热爱、尊重学校，这使我们意识到历史的重要性。为此，我们建议如下：

（1）建议学校组织多种活动了解学校的历史与荣誉，通过宣传片或报告会等多种形式让同学们更加了解热爱自己学校。不忘初心，砥砺前行。

（2）大力宣传校史，让每一位农大人对河南农业大学艰苦办学之路和风雨成长之路有详细的了解，以校史激励每一位农大人继续前行。

（3）希望每位同学可以尊重校史，了解校史，在现在这个相对舒适的环境中，珍惜当下，用激情和热血点燃荣校爱校之心，不忘初心顽强拼搏的意志，在实现自己的梦想，荣耀我们的学校，建设我们的国家的路上勇往直前！

附件 1

关于农学院、医学院等独立后有关问题的请示

（秘字第 1127 号）

中南教育部：

我们为了更好地将河南的高等教育建设打下稳固与正常的基础，张副校长由钧部返校后即遵依潘部长的指示意见再与河南省政府、省委进行研究，兹将其最后意见分别报告如下：

一、从下学期开始，将医、农两院独立出去，分别由中南卫生部、农林部与河南省政府双重领导；行政学院亦独立出去，改成河南省直属干部学校，为省的轮训干部机关；财经系仍以河南大学财经系名义独立出去，由河南省财委会领导；水利系仍以河南大学水利系名义独立出去，由黄河水利委员会、治淮总指挥部、水利局合组委员会领导；其余的政治、国文、教育、数理、化学、史地等 6 系，仍以河南大学各系不动，以培养高中师资为主，由钧部及河南省政府双重领导。

二、水利、财经二系独立出去后，所用经费均由省事业部门负担，毕业生亦全部由省事业部门分配；行政学院改为省直干部学校后，经费由河南省负担，其轮训或招训的毕业学员亦由省统一分配；医、农两院及河南大学本部的经费仍由中央教育经费负担。

三、为了帮助地方培养干部，河南大学各系与医、农两院均得接受由省出款所办的专修科与训练班，科、班的经费由省负责，毕业生由省分配。

以上意见是否妥当，望速予批示，并正式通知我校，以便遵照即作准备。关于五二年的经费预算问题，亦希指示为盼。

河南大学校长　嵇文甫　副校长　张柏园

1951 年 11 月 13 日

（河南大学档案馆 51-XZ11-0048）

附件 2

关于河南大学院系分立问题的批复

（52）教高字第 1507 号

河南大学：

关于你校院系分立问题，答复如下：

一、医学院独立。已决定由中央卫生部领导，现在暂时由中南卫生部与我部联合委托河南省卫生厅代管。

二、农学院独立，由我部与中南农林部共同领导，现在暂时委托河南省文教厅与河南省农林厅代管。

三、水利系教师尽量调往黄河水利中等技术学校，以充实该校阵容；其适合在高等学校的教师及其高年级学生，可将人数名单报部，调往武大水利学院。

四、财经系可考虑改为中等技术学校，请河南省财委考虑决定，如需经费，尽快造预算报中南财委批准。其适合在高等学校的教师人数名单即希报部，调往中原大学财经学院（此事张柏园副校长已与中原大学孟副校长谈妥）。

五、河南省师范专科学校决与河南大学合并，改名为河南师范学院。此事已经吴芝圃主席、张副校长柏园、曲副厅长乃生谈妥。

中南军政委员会教育部

1952 年 7 月 9 日

（河南大学档案馆 52 - XZ11 - 0067）

第十二章　河南农学院之许昌时期

（执笔：张展垚）

1971 年，河南农业大学的前身——河南农学院积极响应毛泽东主席"农业大学要搬到农村去"的号召迁往许昌办学，并一度改名为许昌农学院，直至 1982 年迁回郑州。在许昌办学期间，河南农学院全体师生攻坚克难，在短短两三年时间内，先后完成了包括教学区、生活区等在内的基础设施建设，为当时的教学工作提供了坚实的物质保障，确保了办学的正常进行。2018 年暑期，河南农业大学应用科技学院"重走办学路"社会实践小分队到河南农业大学许昌办学旧址进行了走访，探寻办学遗址，追寻先辈的足迹。

第一节　办学历程

1966 年，"文化大革命"开始。河南农学院停止招生 6 年。

1971 年 8 月，河南省革委会下发豫字〔1971〕103 号文件，决定将河

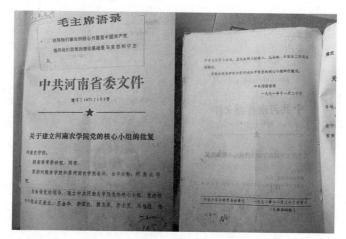

中共河南省委豫字〔1971〕103 号文件

南农学院迁往许昌县蒋李集办学，学院受河南省和许昌地区双重领导。11月，根据全国教育工作会议精神，郑州粮食学院并入河南农学院并改编为粮油工业系。

1972年，根据毛泽东主席关于"要从有实践经验的工人农民中选拔学生"的指示，采取"自愿报名、群众推荐、领导批准、学校复审"的办法，学院招收了第一批工农兵学员，涉及农学、园林、畜牧、农机四个专业，5月分别在郑州和许昌入学，后因许昌办学条件有限，至1973年春在许昌的师生搬回郑州。1975年7月，粮油工业系调出河南农学院。

1974年，中共河南省委下发豫字〔1974〕34号文件，决定河南农学院于当年10月份下迁到许昌石桥办学，党的领导关系由郑州市委转许昌地委领导。这一年招收的新学员全部在许昌就学，涉及农学、植保、园林、畜牧、农机5个专业。大部分教师两地奔波，在极其艰苦的条件下维持教学工作。

1975年下发的许昌地委组织部文件中，明确了中共许昌农学院委员会的领导任职问题。王延太同志兼任中共许昌农学院委员会第一书记。冯若泉同志兼任中共许昌农学院委员会书记、院革命委员会主任。杨昆、王进文两同志任中共许昌农

中共河南省委豫发〔1974〕34号文件

学院委员会副书记。免去郝福鸿同志许昌农学院革命委员会党的核心小组第一组长、院革命委员会第一主任职务。免去许西连同志许昌农学院革命委员会副主任职务。董勤耕、彭雪松、郭桂周同志任许昌农学院党委、常委。宋明、伽凤莲、徐寿亭、张茂德四同志任许昌农学院党委常委、院革委常委。

1975年3月，学院改名为许昌农学院，仅面向许昌地区招生。3—8

月间，学院加快了搬迁到许昌的步伐，到年底搬迁工作基本结束。改名为许昌农学院后，学院根据许昌地区的特殊需要，在当年招生时增设了烟草专业。同时，还应全省其他地区的要求，开办了面向全省招生的小麦、玉米、植保、兽医、果树、农机等一年制进修班。

1976年，学院开始在许昌地区举办函授教育，面向各县、乡农村干部和知识青年招生，向他们传授农业科学知识。

1972—1976年，学院共招收工农兵大学生1 800多名，培训农村干部和知识青年数千人。

中共许昌地委组织部文件

第二节　教学工作

在许昌办学初期，条件极其艰苦，但教师们依然满腔热情投入教学工作，积极编印教材，认真讲课，并抽出力量对程度达不到高中水平的学生进行文化补课，逐步使教学混乱的状况得到改观。

学院在搬到许昌后得到了 3 000 多亩的土地，加上建筑楼一共大约占地 5 000 多亩。除了学生和教师住所用地外，其余一部分用来种植粮食，一部分用来作为试验田搞科研试验。学院当时以学习和教授知识为主，坚持一心一意把学习搞好，同时保证粮食安全，为学生提供一个良好的学习环境。

教学方面，1969 年从商丘县撤回斗、批、改人员时，应当地群众要求，在商丘县李口公社五里杨大队留下一个教学分队。该小分队由副院长吴绍骙教授和各系 30 多位教师组成。通过和群众一起劳动，实行科学种田，在一到两年内使原来靠吃统销粮、救济款的五里杨大队迅速改变贫困面貌，成为粮食自给有余、摘掉了落后帽子的先进典型。1970 年，该大队粮、棉收入超"纲要"（农业发展纲要），向国家交售棉花 1 万多斤，粮 22 万斤。全大队棉花亩产 193 斤，成为全县棉花大面积丰收的典型，还繁育了玉米、小麦优良种子；在养猪方面，实现了一亩地养一头猪，一个人养一头猪，全大队由 250 头猪增加到 400 多头。教学小分队也在实践中积累了改变低产田的经验。

1970—1973 年，应原来战备疏散地遂平县的要求，派出教师帮助该县办了一所农校，招生 4 期，为该县培养了大批农业技术人才，并在全县推广了科学种田技术。

1971 年开办了 1 个"五七"农业试验班。

1972 年，在周恩来总理关怀下，高等学校恢复招生。根据毛泽东主席关于"要从有实践经验的工人农民中间选拔学生"的指示，采取"自愿报名、群众推荐、领导批准、学校复审"的办法招收了第一批工农兵学员 486 人，分别入农学、园林、畜牧兽医、农机 4 个系（植保系教师在 69 届学生毕业后并入农学系，直到 1975 年才恢复，植保专业与农学系的土化专业均停止招生）。5 月，学生入学，园林、畜牧兽医、农机 3 个系学生在郑州，农学系学生在许昌石桥入学上课，至 1973 年春因许昌石桥无实验条件，师生才搬回郑州。当年在批判林彪的过程中，周总理提出批判极"左"思潮的问题，并针对高等学校的实际，多次作了加强基础理论的教学和研究、搞好理科教育革命和培养基础科学人才的重要指示。河南农学院广大师生衷心拥护周总理的指示，痛惜丧失几年为国家培养人才的光阴。此时虽然大家身处逆境，但还是坚决地对江青反革命集团的倒行逆施进行了抵制和斗争。

1972 年 7 月，召开了科研工作会议，由各系、商丘和遂平教改小分队以及实验农场的 6 名工人参加。会议交流、总结了前段科研情况，商丘教改分队的经验深受与会同志的称费。

1974 年，农学、植保、园林、畜牧、农机 5 个专业招生 300 人。新生在许昌入学。1975 年，在许昌招生 750 名，除原有农学、植保、园林、畜牧兽医、农机 5 专业外，根据许昌地区的特殊需要，增设了烟草专业。还应全省其他各地区的要求开办了面向全省招生的小麦、玉米、植保、兽医、果树、农机等一年制进修班，招收的工农兵学员均为"社来社往"。

1976 年在许昌地区举办函授教育，面向各县、乡、村干部和知识青年招收数千人，向他们传授科学知识。

1. 恢复高考

1977 年 8 月 8 日，邓小平做出恢复高考这一英明决策。"文化大革命"结束后，学校各方面工作面临着百废待兴的局面。按照党中央和河南省委的部署，在抓好拨乱反正工作的同时，学校迅速实现了工作重心的转移，积极做好各项招生筹备工作。1977 年，学校完成了七七级 330 人的本科生招生计划，涉及农学、牧医、园林、植保和农机 5 个系的 6 个专业，新生于 1978 年 3 月入学；1978 年秋季又招收了七八级本科新生 450 多人，特别是增加了烟草本科专业。

研究生教育也全面启动。1978 年，学校招收了 13 名硕士研究生，涉及作物遗传育种、植物学、昆虫学、果树栽培与育种和兽医病理学 5 个专业。1981 年，作物遗传育种和植物学两个学科获硕士学位授予权，1984年作物栽培学和造林学又获硕士学位授予权。

2. 多层次办学

在我们调研的过程中，文字资料对当时的办学状况有一个很好的概括——多层次办学。原文记载为：为发挥学院人才与知识密集的优势，适应四化建设的需要，在完成国家招生计划的前提下，积极挖掘办学潜力，广开办学门路，以多种形式为国家培养急需的专门人才。1980年受河南省农委委托，举办了两期地、县农业领导干部培训班，培训学员120人；举办单科性农业技术短期培训班，培训学员1700多人。1980年还受河南省教育厅委托，培训中等农民学校教师68人。联合办学也全面启动，1984年受全国烟草总公司委托，每年代培烟草（种植）专业全国统招专科生60人；受河南省交通厅委托，每年代培汽车运用工程专业本科生60人。同时，学校还常年举办各种类型的进修班，接受省内外农业院校、业务管理部门和生产部门的教师、农业领导干部和技术人员来校进修。

当时农学院的研究成果大大地提高作物的产量。这让我们真切地感受到，即使是在艰苦的环境下，农大人也从未放弃研究，一直致力于农业的发展和人民生活水平的提高。

第三节　科学研究

科研方面，教师们在参加各项劳动中，积极开展科学研究。1973年，学校派出教师到偃师县岳滩大队帮助总结小麦丰产经验。教师们和当地劳模刘应祥一起开展研究，解决了当地小麦产量数年来徘徊不前的问题，受到李先念副总理的称赞，并在李副总理指示下，开展了小麦高稳低（高产、稳产、低成本）的研究。1975年，学校作为全省小麦高稳低研究主持单位，参与并组织了这项研究工作，在河南农学院设立了小麦高稳低办公室。1976年与兄弟单位合作又开始了玉米高稳低的研究。这两项研究首创教学、科研、生产三结合，研究、示范、推广三结合，领导机关、科研人员、农民群众三结合的方法。这种科研大协作的方法，为以后的各项科研积累了经验，打下了良好的基础。农学系还培育了豫农704、豫单5号玉米新品种，开展了小麦杂交育种研究。林学系坚持不断地进行速生树种泡桐的研究，1972年进行南竹北移的研究，园艺系豫白桃的研究和蔬菜研究，农机系化学镀镍修复柱塞配件的研究，植保系农、林、病虫害调查与防治研究，畜牧系黄泛区花猪的研究等都取得初步成果。

为了交流科研成果，学报停刊后，自 1973 年开始编印《河南农学院科技通讯》。据不完全统计，几年内全院共出版专著 16 部，在全国杂志或本院科技通讯上共发表文章 89 篇。迁许昌后，在学校附近的岗城、蒋李集、大杨等大队建立教学基点，学院派教师驻点，与群众结合，全面推广农业技术，使校园附近农村都成了科研生产的示范点。

在许昌期间，师生们积极创造条件开展科研。作物育种、小麦和玉米栽培、泡桐速生丰产研究等取得重要进展，烟草研究也全面启动，1974 年和 1975 年还分别主持全省性的小麦和玉米高稳低协作攻关研究，首创了教学、科研、生产三结合以及研究、示范、推广三结合的经验，对解决全国特别是人口大省河南的粮食问题做出了历史性的贡献。1976 年开展玉米 C 型胞质雄性不育研究。在 1976 年召开的全国科学大会和河南省科学大会上，分别有 4 项和 17 项成果获得重大科学技术奖。为了推进科学工作，学院进一步明确了科研工作的指导思想，1980 年成立了科研处、召开了科研工作会议，设立了科技成果奖，调整和组建了一批科研机构，使科研管理逐步走向了科学化、规范化的轨道。到 1984 年年底，学院共承担了 60 多项国家级和省部级重点科研项目，有 4 项科研成果获国家科技进步奖，47 项获省重大科技成果奖。特别是在小麦、玉米、烟草和泡桐研究方面，奠定了在国内长期处于领先地位的基础。这些我们也在校史馆——百年农大厅找到相关照片。

第四节　重走日记

7 月 3 日　星期二　晴

伴着清晨的第一缕微风，迎着初夏的明媚阳光，校史队一行人开始追寻百年农大办学足迹这段旅程。上午，团队成员来到了许昌市图书馆，我们在工作人员的热心带领下，在城市发展藏书馆中翻阅了"文化大革命"时期的许昌年鉴等相关史料，但遗憾的是，大家的收获寥寥无几。为了得到更多有价值的校史线索，下午，团队成员又来到了许昌市档案馆查阅有关农大在许昌办学的校史资料。功夫不负有心人，我们在相关负责人和志愿者的帮助下，通过查阅档案，终于得到了许多学校在许昌办学（包括迁校后生活供应问题、户口问题、学院领导任免问题等的通知）的相关文件。将这些文件进行了拍照和复印后，校史队一行人便踏上了归途，第一天的旅程圆满结束。

7月4日　星期三　阴转雨

由于蒋李集镇现隶属于许昌市建安区管辖，结合昨日收集到的资料，我们经过一番商讨，一致决定赶赴建安区档案馆继续查找一些原始资料。恰逢那天下小雨，但蒙蒙细雨浇不灭我们的热情，也抵挡不住我们前进的步伐。到达目的地时，天色还尚早，大家撑着伞耐心等待着工作人员的到来。大约过了一个半小时，我们终于如愿以偿进入建安区档案馆内部。望着那一排排整齐规划的档案袋，心底是按捺不住的激动。经过几个小时的翻阅，有些许遗憾的是，在建安区档案馆中所发现的一些文件批复也只是粗略地谈到了当时的一些概况，并没有关于学校发展情况的详细记录。经过大家的讨论，我们将重温建校史之旅的下一站定为河南农业大学郑州文化路校区的百年农大校史馆，相信在那里一定会有收获。

7月5日　星期四　多云转晴

　　天刚蒙蒙亮，团队成员已经背上行囊，从许昌出发来到了郑州。对于这趟旅程，我们抱有很大的期许，坚信着我们的调查会有一些新的突破，就好比我们逐渐揭开这段历史的面纱一般，一步一步地还原历史的真相。正是这份期待，我们越发被农大魅力所吸引，迫不及待地想要了解更多的细枝末节。一下车我们就马不停蹄地赶到了校史馆——百年农大厅，很荣幸的是，校史馆副馆长周剑林老师亲自带领我们参观校史馆并为我们详细讲解自1902年起的河南大学堂到如今河南农业大学的发展与变迁的历史。期间，周老师给我们讲述了农大最初建立的起因、几次搬迁的缘由，也介绍了历任的学者老师以及农大在粮食作物方面的贡献，尤其是在"文革"时期，闹灾荒时我校的突出贡献和一些优秀科研成果。通过参观校史馆，我们深刻解读了温家宝总理所说的"扎根沃土，厚生丰民，中国要有最好的农业大学"的深刻含义。临别前，我们向周老师表示感谢并与她进行合影留念。

离开校史馆的路上，经过团队成员的一番商讨，一致决定在郑州留宿一晚，明日前去邻近的郑州轻工业学院寻找新的线索。

7月6日　星期五　晴

早饭过后，一行人便按照原计划来到了郑州轻工业学院的档案馆，很遗憾，最期待的事没有在期盼中发生，我们的团队并未在郑州轻工业学院查阅到相关资料。由于时间紧迫，我们只好带着失落，遗憾返校。

7 月 7 日　星期六　小雨

由于当天天气不佳，我们便决定对前四天行程中所搜集到的资料进行系统的汇编与整理。在这个过程中，小组成员之间分工明确、默契配合，整理出的资料井然有序。

2018 年 7 月 8 日　星期日　天气：小雨转晴

由于在昨日的资料整理过程中，我们惊奇地发现留档文件中缺少了一部分之前调查过的资料线索，于是在 8 日上午，队长携三名队员再次前往许昌市档案馆进行资料的排查与留档。幸运的是当天下午，我们顺利补上了所缺失的资料线索，资料汇总也告一段落。

7 月 10 日　星期一　晴

在团委副书记杜露阳老师的带领下，团队一行人于下午 5 点在河南农业大学许昌校区教学楼采访了当时在农学院炊事班工作的贾天来师傅。从贾师傅的口中，我们更深入地了解到当时农学院的教学情况以及伙食情况，这让我们的调查有了飞跃性的突破。采访末，我们与贾师傅进行合影并表示感谢。

7月11日　星期二　晴

　　在院领导的帮助下，我们很幸运地联系上了两位曾在农学院求学的老校友，他们分别是毕业后曾留校任教的高海水书记和如今依旧在农大任职的张书松老师。上午，在指导老师的带领下，我们先来到了文化路校区对高书记进行采访，通过一番访谈，我们不仅了解到当时的大学生活状况，也更为真切地感受到了当时农大师生在艰难的条件下教书育人、求学问道的热情。下午，我们又来到龙子湖校区采访了张老师，这让我们再一次深入地了解了当时农学院的真实情况，同时也为校史材料的整理提供了很大帮助。

7月12日　星期三　晴

　　这是风和日丽的一天，我们一行人伴着明媚的阳光，坐上了前往蒋李集镇的大巴车，穿过一条条隐秘的乡间小道，映入眼帘的是早已被分解的老校址。在老师的带领下，我们仔细参观了老校址。老校址划分为三个部分，一部分用作牧医工程学院的实践基地，一部分被拆掉，在原基地上建起了一所养老院，还有一部分早已废弃，现在只剩下一座座残垣断壁屹立在大地上。我们跟随老师进入了一栋废弃的教学楼，教室、休息室的痕迹还依稀可见。参观过后，这外表残缺但历史悠久的老教学楼令我们不禁肃然起敬，那种庄严之感如今仍记忆犹新。

　　下午，我们回到学校将这几日的工作资料进行细细整理，为期十天的实践活动接近尾声，我们的重走办学路之旅也圆满地告一段落。

第五节 调查访谈

学校的发展从来不是一帆风顺的，尤其是在动荡中，搬迁和建设总显得那么艰难。我们想要去触碰那段历史，就不能只看到它的美好，而是要勇于去揭开它神秘的面纱，让建设学校的伟大的工程师们凸显出来，他们应该被我们铭记与尊重。我们找到了离那段历史最近的人，因为他们经历过，而且从未忘记。

一、访谈原河南农学院炊事班班长

访谈时间：2018 年 7 月 10 日
访谈对象：原河南农学院炊事班班长贾天来
访谈内容：

7 月 10 日，团队一行人在河南农业大学许昌校区教学楼采访了当时在农学院炊事班工作的贾天来师傅。

杜老师：贾师傅，您是什么时候来到学校的，当时学校是什么状况呢？

贾师傅：我是 1971 年进入学校的，那个时候学校还没有招生，以后就招收工农兵学员。毛主席说："以工农兵学员为主要招生，不论学位高低。"1972 年许昌就办校了，在蒋李集。办校以后，我是 1974 年来到许昌这儿，在郑州三年。毛主席说："农业大学要搬到农村去"，全国各大农业类院校都由城市迁出了，河南农大当时迁到蒋李集。当时有个许昌市农场，许昌市农场是国有土地，让给咱农大了，三千亩，带上家属院有五六千亩。从思想上，领导一直强调：要为学生服务，你服务好，他就安心学习，才能长进。

李永鹏：那几年招了多少学生呀？

贾师傅：来许昌办学后，有三四千学生，开始是两千，以后逐渐增多。

张展垚：当时建了农学院，那么对原来的农场有什么影响？

贾师傅：过去那是市农场，它给咱的土地，咱不在它的范围内，咱是省大学。咱有试验农场，试验农场有一二百人，都是搞科研的，不管棉花、稻子、玉米，都是搞制种。试验农场不是生产粮食。

李永鹏：咱农大当时研究的种子对其他省影响也是挺大的。

贾师傅：是是是，安徽那不是说，进种子只进农大试验农场的。

李晗：我刚才听有很多栽培育种的，咱当时的主要专业是不是集中在农学系和园艺系？

贾师傅：有农学、植保、园林、畜牧、农机5个系，后来学院又加了烟草专业。

张展垚：当时的伙食条件怎么样？

贾师傅：伙食条件可好，一个目的就是，你要让学生吃好，学生就没有意见，有个伙食委员会，对学生会负责的。整体伙食科在院里，经常征求学生意见。

杜老师：贾师傅，总体来说，当时的条件是比较艰苦的。在这样艰苦的条件下，是什么支撑着大家尽职尽责地做好工作呢？

贾师傅：共产党对自己有恩，必须要报恩，而农学院是自己的家，要为学校争光，学校各方面都发展了，咱的生活条件才会变好，各方面都是这样的。

聆听过贾老师傅的回忆后，真的是收获很多，感慨万千。我们十分感谢贾师傅的分享，也希望在以后的日子里，我们年轻一代更加珍惜这不易的生活条件，发愤图强，努力学习专业课程，以便在未来的时光里，不负前辈的教导，不负自己的青春。

二、访谈原河南农学院 77 级校友

访谈时间： 2018 年 7 月 11 日

访谈对象： 原河南农学院 77 级校友高海水

访谈内容：

7 月 11 日，我们来到郑州文化路校区采访了当时在许昌农学院求学后来留校任教的高海水书记。高书记是 1977 级的学生，当时正好是恢复高考时的第一年，在许昌入学，毕业后先是留校任教，后来去了郑州航空工业管理学院任教。高书记是个很风趣的人，我们在愉快的氛围中进行了关于那段历史的探讨。

高书记： 你们都是在校生吗？是学什么专业的？

采访人： 行政管理，中药，园艺。

高书记： 好好好，这专业都比我的好，我是学农学的。

杜老师： 哪里哪里，高书记，您的专业可是咱农大最好的专业之一呢？高书记，您是77级的学生，当时77级应该是在许昌那边吧？

高书记： 1977年恢复高考，我们是恢复高考的第一届学生，入学就在许昌，四年在那读完，毕业后我就在农大工作。

李永鹏： 您家是哪的？

高书记： 平顶山宝丰县。

李晗： 您那个时候为什么选择学习农学呢？

高书记： 这个也很简单，当时就我的情况来说，就没想到能上大学。高中毕业后我在家待了四年，74年高中毕业，前两年回家劳动，当农民了，76年春天去学校当民办教师，当时中学学生比较多，教师不够，就去当民办教师了，然后77年恢复高考，就去参加高考了。

当时农学不是我的第一选择，如果按家里面的想法，就是学医比较好。但是报名的时候，那时候叫公社，不叫乡，摆了一长溜桌子，能互相看见报的啥，结果都是报的医学（大家都笑了）。我心里想说，这报了也上不了，说算了，再看看。有粮食学院，也就是农学院，我的高中老师的母校是现在的河南师范大学，原来是新乡师范学院，我想着老师的课上的那么好，我就报老师的学校，就报了新乡师范学院，报了个粮食学院，结果一发通知就是农学院，这样就来了。

张展垚： 您当时班里有多少学生？

高书记： 我们班刚去时是30人，后来扩招又去了6个人，是36个人，然后有一个因为身体原因，留到下一个年级了，毕业是35个人，两个班是70个人，刚好那个班也有一个退学了，那个同学是因为年纪大，刚来学校不适应，再加上家里负担，就退学了。我跟张校长（张改平校长）是一个教室上课的。

杜老师： （笑）现在看来，感觉当时您的那些同学都在岗位上做出了非常大的成绩。

高书记： 也说不上，反正大家都实实在在地在做。

李永鹏： 那就是当时您是农学专业，还是农学系？

高书记： 就是农学系农学专业，就两个班，一届10个班，当时是农学、林学、植保、畜牧、牧医，园艺专业跟林学是在一起，当时叫林学系，植保是单独一个系，一个系 2 个班，林学的两个班，一个是林学，一个是园林。园林就是既学果树又学蔬菜，其他的专业各班都一样。

李晗：那差不多一届就是 300 多人。

高书记：对，300 多人，后来就多了。

张展垚：那像咱的老师现在也都 80 多岁了吧?

高书记：嗯，都 80 多了，有的都 90 多了。（笑）

张展垚：如果是恢复高考之后，那各方面的教学跟之前相比应该是走上正轨了吧?

高书记：对对对。因为考大学的时候，我们不知道这个专业是什么，所以一入学我们就有入学教育。当时的系主任耿博章老师（老先生现在已经去世了）做入学教育的时候就讲，我们是学种庄稼的，种地的，（大家都笑了）这一开始讲的时候，确实觉得这个学不进去，因为不熟悉。这个园艺学也学植物学是吧，你们应该知道，讲植物学，前头先讲，根茎叶花果实，然后讲解剖、植物细胞，细胞这个东西讲的又那么细，什么这个叶绿体、线粒体，这些东西记不住，觉得很死板，但是我们那时候有个学期中间的考试。

李永鹏：嗯嗯，是期中考试。

高书记：对，这个期中考试，我们有的同学就不及格，这样就吓着我们了，（大笑），所以你看你要好好学，你不好好学，考不及格咋办。尽管觉得很枯燥，但是还是认认真真去读这个书了。我们的老师非常好，当时给我们讲课的老师是周复光老师，他是广东人，讲的那个话又听不明白，就只有拐回来看书，再拐回来听他讲，这样慢慢地就熟悉过来了。老师的讲课确实非常好，我印象非常深。教植物学的是周复光老师，教植物生理的是王文翰老师，教栽培的是崔老师，很有名的小麦专家，全国的小麦专家，他主要是搞这个小麦有穗分化。还有讲水稻的是高老师，印象很深，他们的课讲得非常好，做事情很认真、很扎实。

杜老师：现在都在提要重视本科生教育，像您的那个时代，真的是扎扎实实将本科生教育做到实处了。

高书记：老师也认真，但我们劲头也好，精神也好。不知道你们现在是什么感觉，因为我也在教育系统工作，我看现在的学生这个劲头就要差一点。因为读的时候学不进去，有句通俗的话是书到用时方恨少，那就晚了。

李晗：而且当时对您们来说，上学的机会同样难得，就特别珍惜。咱当时课程安排就跟高中初中一样吗？

高书记：不一样，当时给我们做入学教育的老师，把我们四年要学的课一年一年给我们说了一遍，当时不知道，因为当时不记笔记嘛，开始讲的时候不知道，四年学完之后才知道。

李永鹏：像咱这样一天上课时间，是上午四节下午四节吗？

高书记：没有没有，原来我们是上午四节课，下午两节课，但是安排的不是太满，一二年级的课比较满，三四年级的课相对来说就少一点，大量的时间还要去教室自习、出去实习。

李晗：基本上跟现在这个考研差不多，也都是下午前两节有课，后两节都自由活动了。

高书记：对，大学嘛，老师就说大学大在哪，学校大，书本大，书本厚，年龄大。

张展垚：当时除了上课，课余的时间你们都会有什么安排？

高书记：当时在许昌，环境条件就那样，现在比那个时候好多了，交通也方便了，网络也发达了。那个时候除了上课，就是图书馆，出了老校区西门就是试验地，老师种的试验地，天天就跟着老师做实验，或者就是有些体育活动，其他的没有，不像现在。

李晗：那你们的生活还是比较简单一些的。当时的活动除了体育这方面的，有文艺活动吗？

高书记：文艺的少，文艺的大部分都是系里面组织的比赛。学校的学生会就在我们宿舍楼下面，多才多艺的同学唱唱歌，组织个节目，排练的时候我们是不能看的。

李永鹏：当时也有团委、辅导员是吧？

高书记：辅导员没有，就是系里的团委书记，因为学生少，不像现在，一个系大概几百号学生，现在大系恐怕两千、三千都有吧。

张展垚：让您回想起来，这大学四年让你印象最深的人或者事，是什么？

　　高书记：印象最深的一个就是咱们学校老师的工作精神，非常扎实，老师在工作这块很认真，实习的时候我们可以看到老师在田里面的工作，没有一步步扎扎实实地做，是做不出来这些成果的。农学这块从庄稼种到地里开始一直到它成熟，收下来粮食，是一步步出来的，你不花这些功夫，是没有这些产量的，没有这个品种的，所以这是个很好的例子。还有个我觉得值得回忆的就是我们那两个班，同学相处得非常好，你看四十年了，从入学到现在，这么多年来，同学之间经常有相互的交流、帮助，大家都处得非常好。这是非常非常难得的。同学来了，电话一通，就聚到一块了，会很简单聊一聊，吃个饭。我觉得这是非常好的，它不仅是个人情感上的寄托，关键是当你遇到困难的时候，不管是工作上还是生活上，同学之间这种帮助、开导非常非常难得。我们当时上学年龄大，出去以后不管是在科研上还是在行政上，在不同的社会环境中接触的事不同，在交流过程中都会有可以借鉴的东西。三人行必有我师，在交流过程中去思考，肯定能学到点东西。

　　张展垚：真的是，这种感情、这种缘分能持续一生。

　　高书记：还有个就是咱们学校这个学农的。我当时去财经学院的时候，内心挺紧张的，就是咱是学农的，很土气，人家都是搞经济的，哪一个都是重点大学毕业的，你觉得肯定他们比咱高明一点、好一些。但是工作接触期间发现不是这样，因为学习是终身的。我们当时在学校学习的时候，有句俗话就是"师傅领进门，修行在个人"。我觉得就是老师的精神，尤其是在做研究时的精神带动了自己。我到哪也是一直在学习，可能他们学经济的有些东西咱不知道，但是咱们学的东西他们也不知道，有些人就是不知道细胞是啥，遗传是啥。咱可以跟学医的交流，他们就不行。所以说，我们学农的并不弱。你自己在工作中间要一直跟着学习，能考上大学都能学会，只是说你下不下工夫，"书读百遍其义自见""腹有诗书气自华"，你不这样读，知识不会跑进你的脑袋里。当时我当工会主席的时候就给自己定了个小目标，一年至少要公开发表一篇文章。我在财院工作十年，没有完成目标，发表了八篇。我到航院以后又发表了两篇文章。不要觉得害怕，把功夫下进去就没啥。所以就是农大培养了我，不仅教会我知识，更教会了方法。学习这方面，要自己选好方向，扎扎实实，农大这种环境影响了自己。平平淡淡、碌碌无为，到年纪大了回想起来会很没意思的。我觉得这个也是咱农大非常好的传统。老师的这种不断追求、扎扎实实的精神也很有影响。你们现在年龄小，等到三十岁以后就会相信，除非是你没有这种想法。我今年62岁了，你们看到我现在的身体状况，也是农大老师教的。六点多钟爬起来跑步，逐渐养成习惯了。当时体育老师给我们说的就是跑步是最好的锻炼，不需要场地什么的，坚持下来就行。我四十多岁的时候还在坚持跑步，五十多岁的时候改成走了，每天坚持走个四公里，现在的话就三公里左右。我基本上一年四季感冒很少。2016年我离开行政岗位以后，我收集点资料，以自己的兴趣，做了一本小册子，也就是一本书。自己的爱好，书法方面的。有很多书籍北师大有，我就托人帮我借出来寄给我，北师大图书馆管的比较严，一个半月必须得还。很感谢这些学生帮助我，要不然这些东西都找不来。学习上自己得给自己点压力，必须得坚持下去，做完一个事，不要半途而废，很没意思。后来又托北京的一个学生给我借了些资料，完善完善，去年年底写完，今年上半年又修改修改，现在交给出版社了，正在审核。我觉得挺充实，这种充实就来自咱们老师的传承。

李永鹏：高书记，您这个书法的爱好是从什么时候开始有的？

高书记：上大学之前就有。当时没有印刷机，我去当支教老师的时候，条幅、活动板都是老师手写的，写字好的直接就用楷书写了，我就是那个时候有书法这个爱好的。我上班的时候一直在看，真正想把这写成书的时候是2014年我在河大培训的时候，白天听课，晚上找书看，空余时间就开始谋划，离开行政岗位之后就好好钻研这个事了。

李晗：您工作很忙，还能保持这么多年自己的爱好，这肯定是需要很强的自制力、自律能力才能做到的，您觉得您的这些能力是从小就有还是后天养成的呢？

高书记：没有没有，这都是上学之后这种氛围中的影响吧。我觉得我在上大学的时候，教土壤学的魏克循老师是对我影响比较大的。我毕业留校以后，他时不时地跟我们交流交流，他把自己的科研成果写上自己的名字，给我们留校的同学看。还有几个老师，他们做这些东西都是几十年的成果，很重要。

李晗：真的是老师们的言传身教对学生们的影响。

高书记：教遗传学一个女老师，北农大毕业的，上海人，声音很好听，普通话说得特别好，讲课的语言尽管不是书本上的原文，但是就是觉得讲得非常好，非常精炼，讲的很明白。不知道现在咱们上课老师的感觉，但是我们那时候真的讲得非常好。

李永鹏：高书记，您当时上学的时候也有实习吗？就在咱们的农场实习吗？

高书记：对，种棉花，三年级就开始了。当时的老师觉得我挺认真，就让我跟着去棉花地实习了。老师们给我的评价很高，我的毕业论文最后评的是优。

李永鹏：当时的种植方式是怎么样的，跟现在一样吗？

高书记：当时是比较落后的，现在好多都是机械化，以前都是人工的。

张展垚：当时没有一台机械化设备吗？

高书记：有。大面积的是用东方红拖拉机，真正种的时候，小面积的都是人工的。

张展垚：您当时要做业务，后来又做了行政，您有遗憾吗？

高书记：到我这个年龄来说没有什么遗憾了，我到财务处的时候还有很大的遗憾。在系里面尽管是和学生打交道，但是还能和老师交流交流。到后来，不管干什么，踏踏实实去干，都能做出来成绩。只要实实在在的干，干什么都一样。

李晗：在许昌的那几年可能就是条件比较艰苦，不过也确实是学习的好环境。

高书记：按现在说，当时许昌的条件比较艰苦，但是你得看怎么比。我们当时入学之前，还没有包产到户，地还是生产队的，在家里面大部分还都吃的是黑馍。到农大上学天天吃的都是白馍。要跟农村比，条件还是不差的，农大的学生还补了 7 斤粮食，这是农大的优势嘛。

李晗：高书记，时间也不早了，也不想打扰您的时间。想问您最后一个问题，就是能不能给现在的大学生说点寄语呢？

高书记：你们有现在这么好的条件，又能上大学，我觉得你们自己得有方向，不管是兴趣也好，还是将来就业也好，一定要把方向选好，不要来回摆动。选方向自己把握不了的时候，可以跟同学、老师、家人在一块交流交流，看自己的性格、自己的学识、爱好，适合做哪一方面，选准了坚持下去。我建议你们现在抓紧学习，应届毕业了就去读研究生，这对你们将来的发展很有帮助。你们身体状况没问题，智力也不差，就差一个用功了。读书学习这个东西不存在谁更聪明啊，谁脑子有些不好使啊，就是看下的工夫。一遍不懂读两遍。有个记者，叫曹举仁，搞研究的，他大概读《红楼梦》七十多遍，《三国演义》二十多遍。所以说，研究要做细，读书要正儿八经读进去。我听说一个鲁迅研究会的会长，他读过鲁迅先生一生两百多部书和文章。我们也是这，不管选到那个行当，你要下真工夫去做。你们要多读书，多思考，有自己的东西，自己得总结出来东西。如果你进入这种状态，你会感觉很充实，很有意思，不会感觉很迷茫，无所适从。

（送给高书记学校的明信片）

高书记： 还是从农大毕业，对农大很有感情。上周四周五我的一个学生拉着我去鹤壁温县去看他的科研田，很不错。

杜老师： 您现在也是桃李满天下了。

高书记： 只要扎扎实实做，都能做得很好。

杜老师： 高书记，我们最后跟您合个影吧。

高书记： 可以。

通过对高书记的采访，我们不仅了解了当时的大学生活，更真切地感受到当时农大师生在艰难的条件下教书育人、求学问道的热情。我们经常说以小见大，高书记的经历，未尝不是农大的经历。他陪伴了农学院的发展，农学院也见证着他的进步。高书记的历程就好像农学院的一个缩影，而我们终于窥探到了他的全貌。

三、访谈原河南农学院 74 级校友

访谈时间： 2018 年 7 月 11 日

访谈对象： 原河南农学院 74 级校友张书松

访谈内容：

杜老师：张老师，您是 74 级的学生吗？

张老师：对，我是 74 年的，是学校迁移许昌后在那儿招收的第一届学生。

张展垚：咱高考是 77 年恢复的。

张老师：对，77 年恢复的。

张展垚：嗯，那就是 74 年当年就开始招生，那您是通过什么样的形式被录取的呢？

张老师：由于"张铁生事件"，高考取消后开始推荐工农兵上大学。因此，从 72 年开始，可以推荐工农兵大学生，72 级至 76 级这几届都是推荐的。咱们学校 73 年没有招生，停了一届，因为咱学校要迁走嘛，74 年在

许昌恢复招生，74、75、76 招了三届，77 年开始恢复高考。当时呢，因为第一年在许昌招生，学校还没建好，教学楼基本上是建好了，学生住宿楼啊这些还都在建，不过我们那一年去招生也比较少，全校招生将近三百人。前面还有个 72 级，在郑州还没去许昌，所以当时也就二三百人，老师也是谁有课谁去，没有课就回郑州了。

李晗：嗯，跟许昌现在的情况很像。

张老师：嗯，因为当时家属楼也都还没建好，老师去也就是住在教学楼，有的在实验室住，有的在办公室弄个床，有的下完课就回郑州了。所以当时不管是学生还是老师，在生活上都还是比较困难的。

李永鹏：张老师，请问当时的教学情况是怎样的呢？

张老师：教学上面，从我入学开始，还是正常进行的。因为我学这个专业是畜牧，畜牧兽医专业，72 年开始三年制，一直到 76 年都是三年制，77 年恢复四年制。在三年制教学上，实践与理论相结合，减少理论课程，增加实践教学。入学之后没有军训，一个班都下去见习一个月，很多基础课老师跟学生一起下去，系主任都跟着。见习对学生帮助很大，学医看到很多实际案例，对以后影响很大，让人记忆深刻。每天十点之前老师讲课，十点之后跟老师去门诊，回校之后就正常上课。

像中药学课程，理论学完之后会去桐柏山实践教学。在深山里面，出去一次至少要一天，边认草药边采集，把认识的药都采回来，每次至少采一车，全程老师都会跟着进行讲解。河南植物志的老教授丁宝章，一肚子"草"，每个植物都能讲出来。植物学两个专业课老师，带着认。专业课现场上，晚上上课，理论实践结合紧密。这样三年学了之后直接都可以去单位工作，教学方法很好。尽管许昌环境比较艰苦，推荐上来的学生素质比较好。1976 年去乡镇招生，逐层推荐选拔，学员素质很好，大部分都是党员，没什么思想问题，政治素质、业务素质都好。尽管"文革"后期，老师有些许顾虑，对学生要求有些顾虑，但是老师跟学生关系处理得比较好，当时学生少，老师家属都在郑州，没什么事情，学生和老师交流沟通多，像朋友一样。有的老师年纪大了，学生都非常关心。当时有一个老先生脑溢血，半身不遂，我们跟同学就用自行车接送，有时候下雨，泥泞的路，水呀泥呀，三个人推个三轮把老师送到火车站。也有班车，当时去郑州的车上啥都有，校车不限员，挤得满满的，有一次翻车了，翻入水沟里，有个老师带了个聋哑小孩儿，翻车哇哇哭，我没事儿，身上身下都是人，一个个打开车窗爬出来，发现身上白的红的都有，当时还在想，这白的不会是谁的脑子吧，最后发现是有人带的油漆，还有血，受伤的排队去包扎。当时地多，老师带着学生自己种菜，老师吃菜没有问题，菜很便宜，粮票，机关人员一个月29斤，学生一个月34斤，学校有地，每个月能补十几斤，吃不完，有红薯，留的很多粗粮票吃不完。当时的生活也有很多乐趣，学校旁边有苹果园，去摘苹果，麦地一千亩，一个班看一个地方。校址原来是农场，环境寂寞没什么娱乐，麦地里跑着玩，星期天去占地方看电影，这是唯一的乐趣。条件艰苦一些，但是教学方面有序，生活上有困难，能保证基本的生活需要，村民的鸡蛋什么的拿到学校卖，老师的伙食比较便宜，助学金平均每月十几块，不用问家里要，菜也很便宜，但是老师来往不方便，小孩子上学不方便。我们星期天没事儿了就跑到各个村里面去义务给牲口看病，很受村民的欢迎。我毕业之后去江苏扬州去学习，1980年回来后就开始往郑州搬了，对许昌有很深的感情。

李晗：那当时上大学的专业是可以自己选择，还是统一分配的呢？

张老师：专业是分的，很多专业都只有一个名额。师范，河大都是直接分到乡里，但是我觉得自己不适合当老师，就选择了咱学校。入校后我被指定为班长，要求比较严，所以当时我们班学习纪律、班级纪律好。毕业时实行计划分配，自己认为自己并不适合当教师，觉得自己讲课不行。但是当时老师稀缺，自己是动物解剖学专业，所以在系主任的建议下还是当了老师。当时我的学生年龄比我还大，师生关系好，下课之后经常和同学们一起玩儿。当时是脱稿讲课，解剖学十分难学，由于动物结构与人类结构不同，并且名词多，难度大。

李永鹏：那当时学校有没有养殖用于解剖的动物呢？

张老师：学校当时有兽医院并且规模十分完善。当时的实验动物比现在的实验动物更多更丰富，大型动物多。现在的实践环节薄弱，学生要接触实践，基本东西有所欠缺，得掌握三个基本，理论、知识、技能，这些都需要逐步加强。

李晗：您当时的课程安排是怎样的？

张老师：当时自己上一上午课，或者一下午课，课余之外很少带同学出来玩，除了学习别的基本没什么活动，有课外活动是和老师一起种菜。

当时处于动荡阶段，体育活动也少。后来学校抽取了三分之一的老师在信阳、洛阳、商丘等地兴办农专。学校当时是革命委员会制度，有许昌 81 厂工人参与管理。以 77 年为分界点，各项管理都开始慢慢变好。

张展垚：当时的学习生活对您今后的发展带来了什么影响呀？

张老师：在许昌的学习生活时，学习十分勤奋，自己要努力学习，不虚度时光。学习只能靠自觉，条件艰苦但是仍要学习。现在学生不重视实践学习，但对自己来说，学习最重要，实践的话印象会加深。作为学生，要珍惜时间，不要浪费时间，应该明白技多不压身，必须重视实践环节。

李晗：当时的农大风气是什么呢？

张老师：当时的农学院和农村农业不可分割，紧密相连，上学期间为农民服务，农业院校为农业服务。学校改名时，有老师认为农学院名字不可丢，不要离开农业，从学校来讲，仍要为农业服务。

杜老师：那您觉得农大传承的是什么呢？

张老师：农大老师看起来比较土是因为经常去农场，农大就是为农业农村农民服务，要深入基层、深入农民、深入农村，不怕吃苦，到农田去，到养殖场去，都需要不怕苦的精神。

杜老师：您认为有什么对您自己影响比较深的事情？

张老师：有个学生急着回学校上课，坐火车到石桥，石桥站这个车不停，急着上课从车上跳了下来。这充分说明当时大家都十分珍惜学习机会，不愿意落下每一节课。学生都能早早起来背书，学习特别刻苦认真。

杜老师：好的，张老师，非常感谢您给我们讲了这么多农大在许昌办学时的具体情况。欢迎您以后有时间故地重游。祝您身体健康，生活愉快！

带着校友、老师们对我们的期许，我们踏上了返程的道路，虽然访谈已经结束，但是却带给我们新时代青年农大人的农大精神，也让我们对学校办学历史的认知更加深刻饱满。

第六节　新的发现

在实地调研时，我们根据当时建筑的设计情况发现：在风雨动荡的年

代，为了让老师更好地为学生传授知识、让学生学到更多的知识和技能，学生与老师们同吃同住在教学楼里。

在调研的过程中，我们意外地发现了一口井。通过走访当地的老人，我们得知这是当时学校用来打水的井，是为了给同学们做饭而专门打的一口水井。

在参观旧校址的时候，我们看到了一间单独的红砖房，这便是当时学校的阶梯教室。

第七节　启发感悟

　　为了深入学习贯彻习近平新时代中国特色社会主义思想和十九大精神，进一步弘扬河南农业大学历年来坚守的艰苦奋斗创业精神、严谨求实治学精神和勇于拼搏奉献精神，增强同学们对校史的学习和了解，我们组建了河南农业大学应用科技学院"重温建校史、争做爱校人"爱校荣校教育实践观察团，于2018年7月3日至12日，开展了为期10天的"重走抗战办学路"暑期社会实践调研活动。

　　在这十天的时间里，我们奔波于许昌郑州两地，寻找并查阅相关校史资料。活动期间，团队成员收获了很多，我们不仅体会到团队一起努力的喜悦，更了解了关于河南农业大学的相关历史，深刻地认识到百年农大校史的价值与意义。

为了更好地完成此次调研活动，在学校领导老师的帮助下，我们做了充足的准备工作。在培训工作会议中，我们对百年农大校史编撰工作有了一个初步的认识，也充分认识到了我们此次活动的重要性。在活动正式开始前，我们针对队员的实际特点进行了人员分工，全体队员一同研究探讨此次活动的具体安排。活动正式开始后，观察团的成员们怀着一颗热情和好奇的心，踏入探寻校史的征途，心中有着说不出的喜悦。

还记得，去许昌市档案馆那天。天公不作美，空中乌云密布，淅淅沥沥的雨从天而降，街上的人行色匆匆，空气中弥漫着泥土的气息。我们一行九人，打着伞，穿梭在陌生的街道，T恤衫和鞋子都被雨水打湿了，但雨水却未能动摇我们的决心。潮湿的空气里充斥着我们寻路的声音，可喜的是，经过反复摸索，我们准确找到了档案馆，并查阅到许多有价值的材料，为后来多天的调查工作奠定了一个良好的基础。在档案馆里我们望着面前堆积如山的文档，团队的内心十分震撼，那不仅仅是一份文案，更多的是一份份历史的印记，是农学院在许昌大地留下的痕迹。文件上的字体，仿佛还残留着当时的墨香，一字一句的书写，让农学院得到新的生命，再次焕发新的生机。

还记得，我们来到文化路校区参观校史馆，了解了百年农大在历史岁月中的动荡与重建，强化了我们明德自强、求是力行的使命感和责任感。我们感怀于农大的坚韧顽强和农大人坚定不移的探索精神，并立志为建设中国最好的农业大学贡献自己的力量。

还记得，去郑州文化路和龙子湖校区分别对两位曾在许昌老校址就读的老先生采访那天。从与两位老先生的交谈中，我们深深地意识到，"文革"时期我校的办学条件远不及今天，那时的前辈们生活条件很艰苦，课余生活更是单调，没有智能手机，没有笔记本电脑，甚至没有教材，大多数的前辈靠自觉，非常勤奋地，一心一意地致力于自己的学业。那时的教学，更加注重实践。到今天，我们有了舒适的校舍，师资水平更是万里挑一，发达的通讯和媒体都为我们的学习与生活提供了便利，我们应当更加努力，将自己应当承担的责任真真正正地扛起来！采访的最后，两位老先生表达了他们对今日农大学子的期许，教诲我们要认真对待学业，学好专业技能，大学归根结底还是一个"学"字。

还记得，去往许昌老校址的那天。那是一个晴朗的天气，我们坐着大巴车，来到蒋李集镇，穿过乡间小道，映入眼帘的是已经被分解的老校址。老校址被隔成了三部分，一部分用作牧医工程学院的实践基地，一部分被拆，在原基地上建了一所养老院，剩下的一部分早已废弃，一座座残垣断壁屹立在土地上。我们跟随着老师进入了废弃的教学楼，教室、阶梯教室、休息室、宿舍的痕迹还依稀可见，外表残缺的老教学楼顿时令成员们肃然起敬，那种庄严之感如今仍然记忆犹新。老校友们在旧教室里读书学习的场景仿佛就发生在昨日，他们对学习的热忱深深感染着我们，如人生明灯，指引我们努力前行。

许昌到郑州97.5公里，从最初大巴的2个小时，火车的55分钟，到如今高铁的21分钟就可以到达，此时一晃眼的路程，却是我们农大人用11年才得以跨越的距离。从1971年响应国家号召迁往许昌，到1982年重回郑州，再到2012年决定在许昌重新建校办学，农大学子以他们饱满的热情和孜孜不倦的探索精神为我们的农业建设打下了坚实的基础。

2018年是我校建校116周年。百年来，我校筚路蓝缕、栉风沐雨，走过了艰辛的办学历程。秉承着革命先烈精神，我校培养了一代又一代的优秀青年学子，身为农大人感到无比的骄傲与自豪。现在离2020年我国全面建成小康社会的日期越来越近，我们农大青年更应该努力学习习近平新时代中国特色社会主义思想和党的十九大精神，以史为鉴，学习了解校史，重温老一辈革命工作者的红色精神，砥砺前行，主动承担起农大人的责任和使命，为我国全面建成小康社会而更加努力。

这次的重走之路让身为团队成员的我们深深感悟到：我校"厚生丰民"的办学理念既有浓厚的农业特色，又蕴含着立志扎根沃土，以教育、科技振兴农业，泽被苍生黎庶，促进人民生活富足的美好愿望。一代代的河南农大人为此目标而殚精竭虑、奋斗不息，为解决河南人民温饱问题，保障国家粮食安全，促进经济社会发展做出了卓越贡献。这一美好愿望也成为河南农大人铭记于心，始终担在肩上的责任和义务。

同时我们也深深感悟到："明德自强、求是力行"的校训始终教育我们不为浮华所动，不为投机取巧所诱，保持"默读大海、飞瀑流泉"的自然姿态，坚守大学的安静与朴实，用智慧和汗水浇灌着河南高等农业教育这片园地，书写下以教育和科技推动现代农业发展的不朽篇章。

此次暑期社会实践之旅，让队员们对于农大的办学史有了更加深刻的了解，激发了大家的爱校荣校之情，也让更多农大学子能够理解、学习、品味这笔宝贵的精神财富，让生生不息的农大精神得到传承和发扬。相信我们定会铭记着前辈们的辛苦付出，牢固树立"厚生丰民"的办学理念，秉承"明德自强、求是力行"校训，弘扬"弘农爱国、厚德质朴、求真创新、包容奋进"的农大精神，发扬"团结勤奋、严谨求实"的校风，为我校创造更加灿烂辉煌的未来而不懈努力！

重走百年办学路，青春农大再出发。踏过农大百余年的历史长河，许昌的办学史虽只是其中很短暂的一部分，但在那曾经风雨飘摇的动荡岁月中，一批批农大学子深深扎根在这片土地上，将农大精神遍地挥洒。

重走百年办学路，我们一直在路上。在这个七月，我们拥有一段难忘的记忆，关于农大，关于许昌农学院。火热的骄阳在头顶炙烤着我们每一寸肌肤，但比太阳更火热的是我们的心。我们侧耳倾听，年轻的心在呐喊，有力的脉搏在跳动，我们心中有喷涌而出的火焰，那一代人身上的热情感染着我们。我们在这一刻记录下的农学院的曾经与现在，当建筑坍塌腐朽，当人物逐渐逝去，当记忆消失殆尽时，依旧可以证明，她存在过，她的精神将经久不衰。

一代人有一代人的使命，一代人有一代人的担当。伫立于历史新起点的我们，更应以爱校兴校荣校为己任，迎难而上，攻坚克难，成长为参天大树，保卫莽莽沃土，为学校的发展贡献自己的力量。我们新一代农大人要向老一辈学习，立德修身，身体力行地将农大精神传承下去，坚持农大人的认真态度，坚持农大人的务实风格，将农大精神牢记于心中。老一辈人有信仰有目标，我们新一代人也要有理想有担当，我们当代青年大学生要铭记前辈们的辛苦付出，在前人为我们打下的基础上努力奋进。我们要不断地去尝试去体验，酸甜苦辣咸，人生五味，都要品尝一下，人生才算够味儿。

百年农大，历经沧桑。这次实践的意义远大于结果，收获很多，不仅增强了我们的爱校荣校之情，更使农大精神得到了传承和发扬。在一点一滴的探寻中我们发现了许多艰苦奋斗的农大人的先进事迹，并被他们的事迹所激励。几天的走访调研，同学们对于农大办学史有了深刻的了解，深切体会到前辈办学治校的不易。艰辛知人生，实践长才干，我们会好好总结提炼本次活动的成果，使更多的农大学子能够理解、学习、品味这笔宝贵的精神财富，使生生不息的农大精神得到传承和发扬，为建设世界一流的农业大学贡献自己的力量！

第八节　建　　议

关于此次实践活动，我们也想提出一些自己的建议。

首先，校史不仅仅是学校自己的历史，更是存在于某一时段的历史，所以考察校史更多的是去了解当时的历史环境、寻访知情人士。我们认为我校可以把某段特定历史的亲历者召集起来，共同缅怀历史，放眼未来，进一步扩大校史的影响力。

其次，可以加大我校建校历史方面人力物力的投入，深挖我校代代传承的农大精神，使农大精神不断地发扬光大。

再者，校史虽已是历史，但它却承载着一个学校的文化底蕴，因此可以加强对我校建校史的宣传工作，让同学们切身体会到百年农大的历史底蕴，提升同学们对农大历史优秀学子的认知，以前辈为榜样，传承发扬百年农大精神。

附件1　许昌农学院旧校址

一、对比展示

许昌农学院教学楼旧照

许昌农学院教学楼今貌

许昌农学院图书馆旧照   许昌农学院图书馆今貌

许昌农学院学生宿舍旧照   许昌农学院学生宿舍今貌

二、调研照片

旧校址附近老人为成员指路   老师及成员参观旧校址

旧校址房屋现为养殖基地

旧校址教学楼内部走廊与楼梯

旧校址的普通教室与阶梯教室

团队成员旧校址留影

团队成员参观校史馆

附件3　许昌市图书馆和档案馆

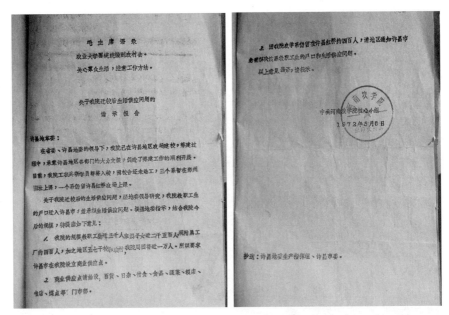

相关档案图片

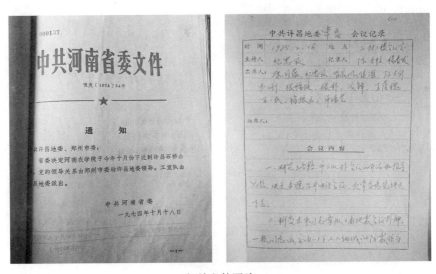

相关文件照片

队员们分别在许昌图书馆和档案馆查阅相关资料

队员在图书馆与档案馆门前合影

郑州篇（下）

第十三章　河南农学院、河南
农业大学时期

（执笔：徐耀楠）

1977—2018 年，河南农业大学经历了返郑办学、正式更名、新校区建设发展等重要事件，为新时期学校不断建设发展，取得辉煌成就奠定了重要基础。为使青年学生不忘初心，通过亲身感受校史，树立爱校荣校意识，2018 年暑期，资源与环境学院组建社会实践小分队重走郑州办学路，查找相关历史资料，走访校史的见证者，追溯农大在郑州的发展印记，汇总农大在郑州的发展之路。在实践活动中，实践小分队梳理校史发展脉络，重温办学艰辛历程，对农大的办学理念与农大精神有了更深的理解与体悟，纷纷表示在校期间要不断充实自己、提高自己，要学好专业的认识，提升自身本领，立志为农大发展贡献一份力量。

第一节　回迁郑州（1977—1984 年）

"文化大革命"结束后，学校教职工多次向省委、省政府写报告，以更有利于今后工作为目的，分析学校历史和现状，要求拨乱反正，搬回郑州原址办学。

1977 年 7 月 4 日，省委宣传部向省委呈送《关于恢复河南农学院的报告》。1977 年 7 月 28 日，省委对《关于恢复河南农学院的报告》的批复（豫文1号）："省委同意你们关于恢复河南农学院的报告，具体问题请和有关单位研究办理。" 1979年4月4日，省委下发了《关于河南农学院搬回郑州的通知》（豫文〔1979〕6号）。喜讯传来，全院师生欢呼雀跃，激动万分。

1982年秋季，所有学生都搬回郑州上课，院系、各级领导部门都集中在郑州办公，绝大多数教职工及其家属也随着搬回，基本完成了迁校任务。许昌仅留下2 100多亩的教学试验农场。学校根据全国教育工作座谈会提出的"调整、改革、整顿、提高"的八字方针，进一步

返郑办学文件

转移工作重点。广大教师和职工勤奋工作，学生发奋学习，各项工作井然有序，学校面貌日益改观。

一、领导班子建设

"文化大革命"结束后，学校领导机构有所调整。1977年初，中共河南省委宣传部文件通知，撤销河南农学院办事组、政工组，设立办公室、组织部、宣传部。学校党的核心组、革委会随之撤销。同年，"工人毛泽东思想宣传队"撤离学校。

1978年1月，宋寅出任农学院党委书记，并于1982年1月—1983年9月代理院长职务。1979年任命杨中苓为副院长。接着，任命吴绍骙为副院长。1980年11月19日，省委组织部豫组干〔1980〕486号文件，任命杨中苓为党委副书记，蒋建平为党委常委、副院长。1981年，省委组织部任命范濂为副院长。1982年，省委组织部任命韩锦峰为副院长。

二、教学工作

1. 学院部系设置

"文化大革命"对河南农学院的各个方面都造成了影响。学校从1962年开始招收硕士研究生,"文化大革命"期间停招,1978年恢复招生。1978年恢复招收研究生时,有作物遗传育种、植物学、果树栽培与育种、昆虫学和兽医病理学5个学科、7个研究方向,招收13名研究生。以后由于学校搬迁,郑州原校址教学用房困难,1979—1980年两年停招,1981—1984年招收人数也较少。1978—1984年,共招收5届研究生和研究生班65人。这些研究生,有的留校任教师。他们既改善了教师学历结构,提高了师资素质,又都成为中青年教师中的骨干力量,已初露锋芒,显示其才华。1981年,经国务院学位委员会批准,有作物遗传育种、植物学两个学科获得硕士学位授予权。

2. 师资队伍建设

明确指导思想,加速人才培养,建设一支学术精湛、结构合理的师资队伍,是关系到学校发展的百年大计。因此,学校在工作重点转移的同时,就把师资队伍建设提到议事日程。

当时的教师情况是,一部分教师教学没过关,外语水平较低,且专业教师分布也不均衡,但也确有一些学术精湛、教学效果优异、科研成果突出的中、老年教师以及一批基础知识扎实、外语程度高、好学上进的青年教师,这是师资队伍的骨干力量和主流。同时,在师资队伍建设中也存在着一些突出问题:年龄老化,青黄不接。现有教师年龄偏大而青年教师偏小。教师的平均年龄为43.9岁,其中正、副教授年龄平均为60岁。林学系教师平均年龄为50岁。职称结构不合理,两头小、中间大,高级职称只占教师总数的13.1%。学历结构不合理,高学历的太少。

面对这些困难,学校提出相应的解决办法:立即建立教师业务档案,每年对教师进行业务考核,充分发挥老教授的核心作用,选拔新的学科带头人,努力提高中年教师水平;各系都有一批中青年骨干教师成为教学、科研工作的中坚力量;加速青年教师培养,壮大师资队伍,青年教师精力充沛、进取心强,显示出了良好的业务素质和较高的学术水平。

3. 改进教学工作

"文化大革命"以后，特别是 1979 年工作重点转移后，学校十分注意加强制度建设，实施教学立法，不断完善教学规章制度，建立教师责任制。1981 年实行教学工作量制度，制订了《教师教学工作量试行办法》。1983 年建立了教师业务档案，制订了《教师业务档案管理办法》。同年，制订出《教师工作规范》，具体规定了助教、讲师、副教授、教授的职责。这些制度、办法增强了教师工作责任感，充分调动了教师的主观能动性和创造性，提高了教学质量。学校要求校处级领导干部深入课堂、科室，以及时发现、解决教学中的问题与困难。同时，把一些具有多年教学实践经验的教师安排到各级领导岗位，以保证教学的业务领导力量。

广泛开展了社会调查、知识咨询、科技指导等社会实践活动。大学生积极响应中宣部、国家教委党组、团中央以及省教委、团省委的号召，在领导部门的精心安排和组织下，以"学习社会、接受教育、讲究实效、增长才干"为宗旨，以"学习社会、振兴河南"为主题，以"智力扶贫、知识扶贫"为主要内容，发扬艰苦奋斗精神，走与工农相结合道路，深入到"老、少、边、穷"山区，开展社会实践活动，向群众学习，为群众服务。

学校和各系学生会建立科技咨询服务部或咨询小组，以书信形式回答农民在生产实践中遇到的实际问题。同学们还利用暑假、星期日走上街头，深入农村，建立技术咨询站、义务举办农业技术培训班和科普讲座，向农民提供大量科技资料，受到广大农民的欢迎和当地政府的赞扬。据初步统计，有 80% 的学生参加了社会实践活动，足迹遍及全省 85 个县市，接受技术咨询、指导的群众达 21 万人次，共写出调查报告、社会实践论文 2 000 余篇，先后编印《社会实践论文集》4 期。河南日报、河南电台、河南电视台等新闻单位多次报道了学生社会实践活动的情况。

4. 实验教学场地

由许昌搬回后，省有关部门拨款，分两次共购土地 300 多亩，加上原留下的土地，共有 420 亩，设农作、林业、园艺、畜牧和植保 5 个实验站。实验站归系领导，有的实验站由系指定人员兼管，专职人员共计 14 人，其中包括许昌教学实验农场和郑州教学实验农场人员。

二、科学研究成果

回迁郑州的几年来，学校科研工作稳步扎实地开展，涌现出一批具有一定先进水平的科研成果，对促进河南省农业生产起到了显著作用。承担科研项目的人员、力量也发生了比较明显的变化，中青年教师申报课题计划和获奖项目的比重逐年增大，作为科研新生力量的研究生也开始崭露头角。

1. 小麦高稳优低综合技术研究

完成了"小麦高稳优低生产模式"和"河南省小麦不同生态类型区划分及其生产技术规程"研究，解决了小麦生产中许多关键性技术问题。仅据11个重点县统计，麦播面积共382.16万亩，1981年、1982年和1983年小麦平均单产分别比1980年全省平均单产增加10.9斤、44.1斤和104斤，三年共增产粮食133 602.7万斤。每斤成本由1982年的9分6厘下降到8分6厘，每斤下降1分。由于小麦高稳优低研究成果的普及推广，大大促进了全省小麦大面积的增产。

2. 玉米高稳低生产技术研究

玉米种植面积由1974年的1 980万亩扩大到1980年的2 620万亩，单产由320斤提高到428斤，总产由64亿斤增加到108.6亿斤，6年累计增产157亿斤，取得了非常显著的经济效益和社会效益。

3. 烟草优质、稳产、低成本综合技术研究

经过十年的研究已经解决了河南烤烟生产中许多关键性技术问题，如"河南省烤烟生产优质稳产的主要栽培技术指标""利用微量元素提高烟叶品质和防治烟草花叶病""引进国内外优良烤烟品种进行区域推广"等，研究、总结出一整套烤烟优质稳产高效益综合栽培技术，并进行大面积示范推广，使河南省烤烟质量有了很大提高。

4. 泡桐良种选育与速生丰产综合配套技术研究

选育出了"豫杂一号""豫选一号"泡桐新品种，进行了白花泡桐引种与选择、泡桐速生抗丝枝病品种选育的研究，总结出了一整套泡桐速生丰产综合配套技术，对全省林业的发展起到重大推动作用，其研究成果有10项获国家、林业部和省级科技进步二、三等奖。

5. 综合获奖情况

自1978年到1984年底，有4项成果获国家级科技进步奖，47项获省重大科技成果奖，57项获学校科技成果奖。另外，学校作为第二主持单位或参加协作研究获得省级以上奖励的成果有44项。1978年，有4项科研成果获全国科学大会重大科技成果奖，有 17 项科研成果获河南省科学大会奖。1980 年，有 6 项科研成果获河南省重大科研成果奖，其中"小麦高稳低的生产模式"研究获省重大科技成果一等奖，农牧渔业部技术改进一等奖。另有 31 项科研成果获学校首次科技成果奖励。1982 年，"实现夏玉米增产的途径——夏玉米高稳低研究"，获农牧渔业部技术改进一等奖；"泡桐豫选一号、豫杂一号选育"获林业部科技成果二等奖，"泡桐丛枝病防治"获林业部科技成果三等奖；"河南农业自然资源调查及农业区划"等 6 项成果获河南省科技奖励；"商丘谢集实验区旱涝盐碱综合治理研究"等 12 项成果获学校科技成果奖励。1983 年，有 8 项科技成果获河南省科技成果奖。1984 年，有 10 项科技成果获河南省科技成果奖。其中"河南小麦生态类型区划分及其生产技术规程"获省科技成果特等奖；"夏玉米不同产量水平三化技术开发研究"获省科技成果一等奖。另有 27 项科技成果获学校科技成果奖励，14 项成果获省农牧业技术改进奖。

第二节　正式更名河南农业大学

一、更名历程

根据河南省经济发展对农业技术人才的需要和国家对高等学校培养多层次、高质量人才的要求，学校对自身的办学水平及条件进行了认真的分析研究，认为学校办学历史悠久，教学和科研有较好的基础，专业学科较为齐全，师资力量雄厚，科研成果显著，对农业生产起到了较大推动作用。世界科学技术高度综合化，各学科互相渗透交叉，与国际间的交流日益频繁。河南农学院这一校名已不适应学校发展的需要，学校改名为河南农业大学的条件已经成熟。因此，学校于 1984 年 3 月 27 日向省教委专题上报了《关于申请将河南农学院改名为河南农业大学的报告》（院字〔1984〕第 007 号）。1984 年 12 月 20 日，河南省人民政府（豫政〔1984〕116 号）文件，批准学校改名为"河南农业大学"，学校性质、规模、培养目标、归属和领导体制均维持原状。

1984 年 12 月，学校正式更名为"河南农业大学"。百年农大，风雨飘摇中一路走来，以勇者的姿态打倒拦路虎，以智者的睿智建设农大，以仁者的心境教书育人。

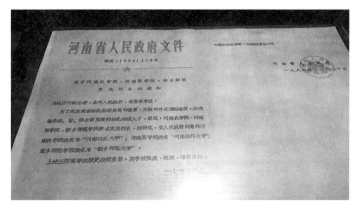

河南省人民政府豫政〔1984〕116 号文件

二、领导班子建设

1985 年 1 月—1991 年 9 月，蒋建平任校长、校党委书记；邢凤威、张百良、杨瑾任党委副书记；韩锦峰、谢法江、尹凤阁、杨会武、郑居栋任副校长。1994 年 5 月，张百良任校长。

三、教学工作

1. 学校部系建设

1984 年国务院批准作物栽培学、造林学两个学科有硕士学位授予权。1986 年新增林学师范、环保专业。1987 年新增园林、蔬菜、园艺、兽医卫生检验专业。1988 年增加了农产品贮藏与加工、农业微生物、农业环境保护、兽医公共卫生 4 个本科专业，农产品贮藏与加工、烟草加工及管理两个专科专业，并增设生物资源、观赏园艺、动物营养等 5 个专门化。1988 年，针对河南省烟草种植面积大、专业人才缺乏这一事实，学校报请上级批准成立了烟草系。1989 年，学校在农业经济、植物保护和果树专业分别增加了乡镇企业管理、生物资源利用、观赏园艺等服务方向。1990 年，经省教委批准增设园林专科。1991 年，增设能源专科。1992 年新设观赏园艺专科。

1985—1992 年的 8 年间，河南农业大学增加了 4 个本科专业：农产品贮藏与加工、农业微生物、农业环境保护、兽医公共卫生；5 个专科专业：农产品贮藏与加工、烟草加工、园林、能源、观赏园艺。至 1992 年底，全校共有 16 个本科专业、3 个专科专业、11 个硕士学位授权点、3 个研究所、18 个研究室。

1992 年，全校有本科专业 14 个，到 1997 年发展到 23 个，1998 年依据新专业目录调整为 19 个，2002 年发展到 7 大学科 29 个专业。

1992 年，学校有 11 个硕士学位授权学科，到 2002 年，学校已发展到有博士授权一级学科 1 个，博士学位授权点 4 个，硕士学位授权点 22 个，农业推广硕士专业学位授权点 3 个。10 年来，学校共招收博士生 32 人，硕士生 751 人，农业推广硕士 141 人，研究生课程进修班 1 011 人；毕业博士 5 人，硕士 402 人，研究生课程进修班结业 847 人。在读博士生 27 人，在读硕士生 415 人，农业推广硕士 141 人，研究生课程进修班 164 人。

学校根据社会发展对人才专业结构需求的变化，注重更新教育思想观念，及时调整专业结构，经过不断探索、改革和实践，逐步形成了以农为特色，理、工、农、医、文、经、管相互交叉渗透的多科性专业体系。

截至 2002 年底，共有专业：理学学科有生物技术、生物科学、信息与计算科学、电子信息科学与技术；工学学科有环境工程、生物工程、机械设计制造及其自动化、交通运输、农业机械化及其自动化、农业建筑环境与能源工程、电子信息工程、食品科学与工程、计算机科学与技术；农学学科有农学、农业资源与环境、园艺、林学、园林、动物科学、动物医学、植物保护；医学学科有药物制剂；文学学科有艺术设计、英语；经济学学科有经济学；管理学学科有土地资源管理、旅游管理、农林经济管理、信息管理与信息系统。

2. 师资队伍建设

1991 年，开发了教师资源计算机软件系统并投入使用，把教师的基本情况、承担课程、科研获奖、进修提高等有关数据输入数据库。计算机的应用，大大提高了师资管理工作的效率。

1992 年，学校制定了引进高层次人才的政策，召开了本校毕业的博士生座谈会，鼓励出国学习的同志回国进行各种形式的学术交流和合作科研。学校在建立学科梯队的同时，注意加强对青年教师的业务培养，加强青年教师专业知识培训，同时还注重对青年教师的思想政治教育。

1992 年，在 561 名专职教师中，有正副教授 188 人，其中硕士以上学历 21 人，占教师总数的 4%；2002 年，在 547 名专职教师中，有正副教授

287人，具有硕士以上学位人员261人，占教师总数的48％，其中具有博士学位的54人，占教师总数的10％。10年来，教师中硕士以上学位人员增长了44个百分点，教师队伍的知识结构发生了显著的变化。

3. 改进教学工作

学校遵循"教育必须为社会主义经济建设服务"的办学指导思想，努力拓宽服务方向，根据改革开放、事业发展对人才的需求，加强重点学科建设。

1988年，经省教委批准，作物栽培与耕作、作物遗传育种、植物学、造林与生态为重点学科。1990年，在整顿调整，压缩重点学科的情况下，经河南省教委检查评估，确定作物栽培与耕作、作物遗传育种、造林学为重点学科。

学校以提高教育质量为中心，深化教学领域的改革，狠抓教风建设，在教学领域引进竞争机制。先后修订完善14项教学管理规章制度。这些制度对学生听课、请假、奖惩都有更加明确的规定，对教师的教学、听课、命题、教书育人也提出了更加切实可行的要求。实行"教师挂牌教学，学生选师听课"制度，充分调动了教与学两个方面的积极性。为了及时了解教学进度和学生出勤情况，更好地听取师生意见和建议，学校还实行"教师上课记录卡片"制度。

1985年正式实行学分制。1988年，学校修订各专业的教学计划，总学时限制在2500以内，压缩必修学时，增加选修学时，制定了《学分制教学计划试行方案》《思想品德学分实施细则》等规章制度。同时允许学生跨系、跨专业、跨年级选修课程，允许学生提前毕业和选修第二专业。

1993—2002年，学校坚持党的基本路线，认真贯彻党的教育方针，端正办学指导思想，以改革为发展动力，以培养人才为根本任务，以学科和专业结构调整为主线，主动适应河南经济建设和社会进步的需要，抢抓各种机遇，积极推动学校各项事业全面进步。

4. 实验基地建设

1998年以来，学校打破单一分散的教研室管理模式，实现了实验室校、院两级管理。2002年，全校教学实验室29个，比原来减少31个。其中基础课、专业基础课教学实验室14个，专业课教学实验室15个。

1993年，全校有内外实习基地30余个；2002年增加到112个，其中校内实习基地 9 个。校内实习场所及附属用房面积达到 28 971 平方米，各类试验用地面积 2 134 754 平方米。

学校在发挥许昌教学实验农场作用的基础上，又扩大了教学实习基地。1998 年，在郑州农业科技开发区购买了 1 000 亩土地，建立了一座集实习教学、科研、科技开发和示范于一体的现代化实习基地——科教园区。第一期工程已经建成智能温室 1 座、日光温室 8 座和汽车驾驶实习场、气象站、畜牧实习实验楼、教学生活服务中心等设施。各院（部）结合专业特点，采取"互惠互利，对方优先"的原则，在全省各地建立了 103 个相对稳定的校外实习基地（场所），覆盖了全校各个专业，形成了多元化的实践教学基地。

加强多媒体教室建设。1993 年，学校多媒体教室仅有 1 套。1999 年投资 50 万元建成了 4 套多媒体教室；1999—2002 年 4 年中，各院分别建成了 1~2 套多媒体教室。2002 年又投资建立了 9 套多媒体教室，改建了多功能演播厅，新建了多媒体课件制作中心。到 2002 年底，学校多媒体教室达到 26 套，其中公共用多媒体教室 13 个。

加强计算机和语音室建设。截至 2002 年底，全校有计算机室 18 个，计算机 1 560 台，公共语音室 12 个。同时，在校本部和桃李园大学生园区分别建立了 1 座外语发射台，每天播放英语节目，为学生提供英语听力练习。

四、科学研究成果

1984 年，有 10 项科技成果获河南省科技成果奖。其中"河南小麦生态类型区划分及其生产技术规程"获省科技成果特等奖；"夏玉米不同产量水平三化技术开发研究"获省科技成果一等奖。另有 27 项科技成果获学校科技成果奖励，14 项成果获省农牧业技术改进奖。

1986 年，"玉米 C 型胞质雄性不育恢复性遗传和不育胞质杂交种 C704 的选育及恢复性的改进"获农牧渔业部科技进步三等奖，"黄淮海平原中低产地区泡桐速生丰产综合配套技术"等 19 项成果获省科技进步奖；另有 13 项成果获省农牧业科技进步奖，29 项成果获学校科技成果奖励。

1987 年，有 14 项成果获河南省科技进步奖，33 项成果获省教委科技成果奖。

1988—1991 年，学校取得省部级三等奖以上的科研成果，居全国同类农业院校的前列。1988 年全省高校共有 16 项成果获省科技进步奖，其中 9 项为我校获得；全省高等院校二等奖 4 项，我校有 3 项。

1985 年，"河南小麦不同生态类型区划分及其生产技术规程"获国家科技进步二等奖，"鸡新城疫免疫监测技术研究"获农牧渔业部技术改进三等奖，另有 14 项成果获河南省科技进步奖，其中"烟草腋芽抑制剂一号的研究与应用"获省科技进步一等奖，还有 13 项成果获省农牧业技术改进奖。

1988 年，科研经费 112.4 万元，支出 101.1 万元。学校共安排科研项目 94 项，其中省各部委、省教委下达委托项目 48 项，农业部下达项目 32 项，其中有 24 个项目完成研究任务或取得阶段性成果。"河南省盐碱地植棉增产技术开发研究"获国家科技进步三等奖，"伏牛山区南召县综合开发治理研究""泡桐速生抗丛枝病品种选育""河南省烤烟优质稳产配套技术研究推广"获省科技进步二等奖，"黄牛传染性肠炎的病源鉴定与防治研究"等项成果获省科技进步三等奖。另外，还有 23 项成果获省教委科技进步奖。

1990 年，科研经费 94.8 万元，支出 83.1 万元，共投入科技人员 432 名，安排科研项目 175 项，其中研究与发展项目（RQD）69 项，国家和省下达的科研项目 96 项。争取到国家自然科学基金项目 5 个，实现了零的突破。当年共有 19 项科研成果获省级以上科技进步奖，"泡桐属基因库的营建和基因资源的研究利用"获国家科技进步三等奖，"异地培育的研究及其在作物育种和种子生产中的应用"获省科技进步一等奖，"河南省小麦高产优低高效益五大技术系列研究和应用""毛白杨早期速生丰产综合技术研究"获省科技进步二等奖，"矮秆抗病冬小麦新品种豫麦 9 号选育"等 13 项成果获省科技三等奖，"烟草丛枝病研究""镍铁合金刷镀液"分别获国家烟草总公司和农业部科技进步三等奖。还有 4 部科技专著、13 篇科技论文和 28 项科技成果获得省教委奖励。

为进一步加强科研研究，从 1992 年起，学校每年拨出 2 万元经费，建立青年教师科研基金，以支持、帮助青年教师开展科学研究。这些丰硕的科研成果是学校科研工作稳扎稳打的管理结果，是农大优秀教师的智慧的结晶，是农大学子勤恳钻研脚踏实地的见证。这些奖项见证了河南农业大学的发展，激励着农大的师生不忘初心，继续投身科研工作中，为农业事业发展添砖加瓦！

第三节　21世纪以来的发展

一、学校概况

21世纪以来，在几届学校领导班子的带领下，河南农业大学于2009年9月成为农业部与地方省政府共建的第一所省属农业高校。2012年11月成为国家林业局与省政府共建高校。2013年5月学校牵头的河南粮食作物协同创新中心入选国家首批"2011计划"。

现在学校下设20个学院，设有农、工、理、经、管、法、文、医、教、艺10大学科门类。拥有1个一级国家重点学科，4个河南省优势特色学科，19个省部级重点学科；6个博士后科研流动站；9个博士学位授权一级学科，18个硕士学位授权一级学科，9个硕士专业学位类别，74个本科专业。各类在校生3万余人。

学校在职教职员工2057人。其中教授、副教授等高级专业技术职务757人，博士学位760人。中国工程院院士1人，国家杰出青年科学基金获得者2人，教育部长江学者特聘教授2人，国家万人计划入选者6人，国家有突出贡献中青年专家3人，新世纪百千万人才工程国家级人选9人，获国家中华农业英才奖专家3人，国家骨干教师2人，享受国务院特殊津贴专家40人，农业部现代农业产业技术体系岗位科学家12人；河南省百人计划人选4人，中原学者8人，省特聘教授18人。

学校建有国家"2011计划"河南粮食作物协同创新中心、省部共建小麦玉米作物学国家重点实验室、国家小麦工程技术研究中心、新农村发展研究院、国家农村信息化示范省综合信息服务平台、动物免疫学国家国际联合研究中心、CIMMYT－中国（河南）小麦玉米联合研究中心等7个国际和国家研究平台，国家玉米改良郑州分中心、教育部高校林木种质资源创新和生长发育调控重点实验室、农业部动物生长发育调控重点实验室、农业部农村可再生能源重点实验室、国家烟草栽培生理生化研究基地等64个省部级研究平台。

学校建有郑州市文化路、龙子湖和许昌新区三个校区，占地面积281.35万平方米。建有两地三校区互联、全方位覆盖的信息网络环境，以及数字化校园综合应用信息共享平台。

学校面向国家和地方经济社会发展需求，长期以来为国家粮食安全和地方经济社会发展作出积极贡献。近年来，学校坚持科学发展，坚持规模与内涵并重，以改革为动力，以学科建设为龙头，突出办学特色，正在努力建设一所以生命科学及其相关基础学科为先导、以农业科学为优势、特色明显的教学研究型大学，努力成为河南高级农业人才的培养基地、农业科技创新的依托基地、农业高新技术的孵化基地、农业发展战略的研究基地。

二、发展成就

1996 年，经国家科技部批准，学校组建国家小麦工程技术研究中心。2000 年，河南农业大学获得一级学科博士授予学科，成为河南省第一个获得一级博士学科的高校。2002 年，河南农业大学在教育部本科教学评估中获得优秀，成为河南省首个被评为优秀的本科院校。2003 年，批准 2 个博士后科研流动站，成为本科—硕士—博士—博士后授予权的多层次大学。2006 年，启用"明德、自强、求是、力行"新校训。2007 年 8 月，河南农业大学"作物学"学科被评选为一级国家重点学科，成为河南省首个一级国家重点学科，也是全国省属院校中唯一一个农学类的一级国家级重点学科。2008 年 6 月，河南农业大学在教育部本科教学评估中获得优秀，成为河南省唯一一个连续两次获得优秀的本科院校。2009 年 9 月，第七批博士后流动站审批结果公布，新增"林学、畜牧学、农林经济管理"三个博士后科研流动站，至此河南农业大学共有 6 个博士后科研流动站。2009 年 9 月 29 日，河南省委书记和省长等领导共同出席河南农业大学郑东新区龙子湖新校区奠基仪式，河南省重点建设项目——河南农业大学新校区开工建设。2009 年 11 月 10 日，省政府与农业部合作共建河南农业大学协议签字仪式在郑州举行。这标志着河南农业大学正式进入省部共建行列，成为全国第一个省部共建省属农业大学试点。2009 年 12 月 18 日，国家烟草总局与河南农业大学签署《中国烟草总公司与河南农业大学战略合作关系框架协议》。2010 年 9 月，省部共建国家粮食作物生理生化与遗传改良重点实验室培育基地获准建立。2011 年 1 月 14 日，在北京举行的国家科学技术奖励大会上，河南农业大学作为第一完成单位的两个项目，双双获得国家科技进步二等奖，全省排名第一，全国排名第十六位。至此，河南农大已 3 年四获国家科技大奖。2012 年 4 月，河南农业大学成立吴绍骙玉米研究院。2012 年 7 月 6 日，河南农业大学举办兴办高等农业教育 100 周年庆祝大会。2012 年 8 月，河南农业大学等河南省属 7 所高校通过国家发改委等部门的"验收"，进入中西部高校基础能力建设工程。2012 年 11 月 5 日，河南省人民政府与国家林业局合作共建河南农业大学签字仪式在北京隆重举行。这是继农业部、国家烟草专卖局之后第三次得到国家共建支持。2013 年 4 月 11 日，教育部公示了"2011 计划"首批入选高校名单，河南农业大学作为牵头高校参与的河南粮食作物协同创新中心，成为首批 14 个协同创新中心、2011 计划高校。2009 年 11 月 10 日，农业部与河南省政府在郑州签署共建河南农业大学的协议，这标志着河南农业大学成为全国第一个省部共建的省属农业大学试点。

三、优秀教师代表

中原学者：张改平、康相涛、郭天财、尹钧、范国强、田克恭、陈彦惠

国家杰出青年科学基金获得者：张改平

教育部长江学者特聘教授：马恒运、汤继华

新世纪百千万人才工程国家级人选：刘文轩、王艳玲、马新明、何松林、汤继华、范国强、张龙现、田克恭

河南省"百人计划"：唐贵良、杜春光

河南省特聘教授：范国强、尹钧、马恒运、吴国良、闫凤鸣、刘小军、张猛、尹清强、杨国庆、陈彦惠、张龙现、李潮海、汤继华、王伟、殷冬梅、赵全志

国家现代农业产业技术体系岗位科学家：余泳昌（大豆）、孙治强（大宗蔬菜）、康相涛（蛋鸡）、王成章（牧草）、宁长申（肉羊）、高腾云（奶牛）、邓立新（肉牛牦牛）、申进文（食用菌）、郭天财（小麦）、李潮海（玉米）

教育部"长江学者与创新团队发展计划"创新团队：小麦生长发育分子调控研究团队（团队带头人：尹钧）、地方鸡种质资源保护与利用（团队带头人：康相涛）

农业部科技创新团队：地方鸡种质资源优异性状发掘创新利用（康相涛）

科技部创新人才支持计划专家：汤继华、赵全志、康国章

教育部新世纪优秀人才支持计划专家：陈锋、宋安东、张小霞、殷冬梅、赵全志、汤继华

国家中华农业英才奖专家：陈伟程、郭天财

国家骨干教师：王艳玲、张全国

全国模范教师：谭金芳、王川庆、赵全志、马恒运

全国优秀教师：尹新明、张国富

全国师德先进个人：王川庆

河南省教学名师：宁长申、夏百根、梁保松、张龙现、汤继华

四、龙子湖校区建设历程

人杰地灵，俊采星驰——枕于龙子湖湖畔的河南农业大学龙子湖校区，有着独特的魅力与风景线。欧式建筑林立于校园内，与20世纪初的农大校园风格遥相呼应，散发着大学象牙塔所具有的朝气与活力。

1. 地理位置

河南农业大学龙子湖校区坐落于郑州龙子湖高校园区。龙子湖高校园区是郑东新区的重要组成部分。河南农业大学龙子湖校区位于东四环西、平安大道北、文苑北路南、龙子湖内环路东，北临卫河，西依龙子湖，地理位置优越，环境优美，交通便利。

郑东新区龙子湖高校园区平面图

2. 规划与建设情况

2009 年 7 月 6 日，河南省发改委《关于河南农业大学新校区总体规划设计的批复》（豫发改设计〔2009〕1045 号）：同意河南农业大学在郑州市郑东新区龙子湖区祭城路北、龙子湖东路东、东四环西区域内建设新校区，总用地面积控制在 105.09 公顷以内，按在校生 25 000 人规划。校舍总建筑面积控制在 70.92 万平方米。

龙子湖校区建设规划图

3. 使用情况

2009 年 9 月 29 日，龙子湖校区举行开工奠基仪式。2010 年 4 月 24 日，龙子湖校区打下第一桩。2011 年 10 月 14 日，龙子湖校区喜迎首批入驻的 6 000 名学生，现已入驻 14 000 名学生。

当时，6 栋学生宿舍、2 栋食堂、公共教学组团、第一实验楼已建成并投入使用。研究生教育楼、图书馆、体育训练馆、礼堂等建筑将于今明两年陆续交付使用。农业科技中心、农科教学实验中心正按计划推进，河南粮食作物协同创新中心大厦将于 2016 年下半年开工建设。4 栋学生宿舍分别命名为青梅园、玉兰园、紫竹园、菊潭园。梅兰竹菊称为"花中四君子"，成为中国人感物喻志的象征，我们取其共同特点是自强不息、清华其外、淡泊其中、不作媚世之态。5 栋学生宿舍以"玉堂富贵"和"桃李满天下"的寓意进行了命名，分别是：玉兰园、海棠园、牡丹园、桂花园和桃李园。河南农大是一所以农为特色的高校，以花木命名建筑物，表达了农大人对自然生态的热爱，对花木倾注的感情和通过花木反映出来的某种希望和寄托。河南农大早有桃李园学生公寓，再次以桃李园命名一栋学生宿舍，彰显农大宿舍文化的积淀、延续与发展，也寓意学校育人硕果累累，桃李满天下。将教学楼命名为繁塔，源自 1902 年创建的河南大学堂校址，百余年来，学校虽九易校名，十一次流离迁徙，现在又在龙子湖建立了新的校区，但我们弦歌不辍，薪火相传。

4. 龙子湖新校区建设大事记

2009 年 1 月 1 日新校区建设指挥部办公室成立。7 月 6 日龙子湖校区总体规划设计方案获批。7 月 24 日龙子湖校区开展定桩放线工作。9 月 29 日龙子湖新校区隆重举行奠基仪式。10 月 29 日龙子湖校区首期建设项目单体设计工作开始。11 月 24 日，张琼指挥长主持召开新校区建设指挥部第一次全体会议。会议传达了校党委关于新校区建设指挥部及党总支机构设置和人员组成情况：新校区建设指挥部下设办公室、建设办、招标办和监督办。

2010 年 4 月 29 日龙子湖校区建设桩基工程施工开工。6 月 29 日龙子湖校区教职工周转房桩基工程开工。

2011 年 10 月 15 日，龙子湖校区举行启用仪式。

2013 年 10 月 1 日，龙子湖校区二期学生宿舍和食堂投入使用。

2014 年 6 月 13 日，龙子湖校区教学楼启用。7 月 14 日，龙子湖校区教职工周转房交付。

2015 年 12 月 19 日，第一实验楼交付使用。

2016 年 3 月 1 日，文科系组团交付使用。

2017 年 12 月 1 日，体育训练馆建成交付使用。

2018 年 2 月 1 日，龙子湖校区南大门建成投入使用。

2009—2018 年，10 年时光见证了龙子湖校区从荒芜贫瘠到绿树幽幽，见证了一届届农大学子从青涩走向成熟。时代在更新，农大也在变化，希望新校区会更加成熟，成为每一位农大人的骄傲，守护着我们踏进社会前的最后一步。大学期间有了她的陪伴，我们不后悔。

第四节 重走日记

时光荏苒，烽火、硝烟已成往昔。身处和平年代，一群"90 后"大学生循着先人的足迹重走农大抗战办学路，回顾农大抗战流亡办学史，寻前人足迹，感农大情怀。7月4日，"重走抗战办学路之郑州"资源与环境学院和烟草学院社会实践小组团队集合完毕，共同找寻关于郑州的农大印记。

2018年7月4日　晴

资环学院重走抗战办学路小分队来到河南农业大学校史馆，了解学校的抗战办学路程。校史馆王清雅老师热情地给我们讲解了学校的抗战办学史，使我们对学校的办学经历有了大概的了解，为我们以后的探索起到了重要作用，同时让我们知道了办学的不易与艰辛，我们表示更应该好好珍惜现在的优秀学习资源。

2018年7月5日　晴

我们来到了郑州市档案馆，向工作人员问询后开始查阅相关资料，了解许多有关我校龙子湖校区建设文件，更加详细了解龙子湖校区的建设历

程，参观改革开放的展馆，同学们发现了许多有趣的历史，纷纷回忆起自己的童年，又看到了我国农业的不断发展壮大的历程，作为一名农林院校的学子，骄傲感油然而生！

2018年7月6日 晴

下午顶着炎炎烈日，我们来到了郑州市图书馆进一步了解我校的抗战办学历程。在图书借阅室了解到我校现在的办学历程与经历，身为2年的农大学子对学校的飞速发展感到骄傲，在电子阅览室与地方文献馆了解了许多学校以前的办学历史，重新浏览以前的校刊校报，对农大的办学精神与办学理念有了新的理解与感悟。

2018年7月7日 晴

重走办学路实践队队员们来到了河南农业大学龙子湖校区，对龙子湖校区内的工作人员进行了访谈，他们有的工作不久，有的工作多年，迎接了一批批的学生。他们给我们讲述了几年来农大新校区的重大变化和优秀学生的故事，末了，我们还对居住区的老教师们进行了交流。学院的发展，人事的变迁，都一幕幕地展现在了我们面前，着实受益匪浅！

2018 年 7 月 8 日　　晴

在文化路校区资环团委办公室访谈了我校著名刘波涛老教授，刘老教授向我们耐心讲述了自己从 1960 年分配到河南农学院到如今河南农业大学的历史，学校从当初的河南农学院响应毛主席的号召迁移至河南许昌农场，在农场办学几年为许昌当地农民提供了许多科学技术支持，到河南农学院更名为河南农业大学其背后学校老师的辛苦努力，再到如今的龙子湖校区的建设，背后都是汗水浇灌出来的成果。看到如今学校的日益蓬勃，自豪感油然而生。最后刘老教授告诫我们要在学校好好学习，为农大争光。

第五节 调查访谈

一、对龙子湖校区常住居民及相关人员的调查

被访人：薛金花

基本信息情况：郑州大学医学院退休老教授，其儿子目前在河南农业大学任教，已在龙子湖河南农业大学教职工区居住接近 2 年。

问：请问从什么时候开始征地建校的？

答：2009 年。

问：您觉得河南农业大学龙子湖校区建设对您的生活有什么影响？

答：我还觉得挺好的，有那么多大学生在身边，感觉也年轻了许多，很有朝气。

问：您对河南农业大学新校区的建设有什么看法和建议？

答：还挺好的，绿化做得也挺好。

二、对新校区同学的调查

问：你何时搬入新校区的？

答：2016 年。

问：你对新校区的教学设施及基本设施使用情况有什么看法和建议？

答：新校区的基础设施都很齐全，只是有些专业的实验设备还没有，教学环境也很好。

问：**你对新校区几年的主要发展变化状况有什么看法？**

答：新校区这几年真的每一天都在变化，都在往好的方面发展，绿化越来越好，基础设施也越来越好，真的很方便。

问：**你对新老校区的教学情况及设施的了解与对比感觉怎样？**

答：首先新校区比老校区基础设施好很多，比如停车场，直饮水机，无课查询显示屏。其次新校区教学环境很好，很宽敞。

三、一片丹心育桃李——访谈老教师刘波涛

刘波涛，河南农大教授，1936年11月出生，1960年大学毕业，分配到河南农业大学任教，1987年获河南省优秀教师荣誉称号，1992—1995年担任河南省高级职称评委，1996年底退休。1997—2011年底任河南农业大学本科教学督导组组长，后接任研究生教学督导至今，著有《走出迷茫》等著作。刘教授自退休至今，已经义务为河南省内外高校做了百余场立志成才的报告。

7月7日我们有幸采访了刘波涛教授，询问学校的发展历程，倾听见证者的真实感受。

问：**请谈谈您对河南农业大学的搬迁至郑州的历史的了解状况。**

答：1979年省委下发通知，喜讯传来，全院师生欢呼雀跃，激动万分。1982年秋季，基本完成了迁校任务。广大教师和职工勤奋工作，学生发奋学习，学校面貌日益改观。

问：**每次搬迁后学校有哪些重大变化？**

答：每次搬迁后学校面貌日益改观，各项工作井然有序。

问：**各个院校及专业的发展变化状况**（主要涉及院系的设置及专业的增添）**如何？**

答：经管、信管、文法、外国语学院是最先搬到新校区的，后来其他专业才慢慢搬过来。

问：**您从一开始就是陪着学校一路走来，这中间取得了很多成果，付出了很多吧？**

答：我从1960年分配到河南农学院到如今河南农业大学，学校从当初的河南农学院响应毛主席的号召迁移至河南许昌农场，在农场办学几年，为许昌当地农民提供了许多科学技术支持，到河南农学院更名为河南

农业大学，其背后是学校老师辛苦努力的结果，再到如今的龙子湖校区的完善，背后也是汗水浇灌出来的成果。

最后刘老教授语重心长地告诫我们要在学校好好学习，为农大争光。我们表示会谨遵教授嘱咐，不管在学习上还是能力上，努力提升自己，脚踏实地干实事，将个人奋斗融入到国家和民族的奋斗大潮中。

资环学院重走办学路实践小分队访谈刘波涛教授

曾经的龙子湖校区，一无所有。新校区指挥部同志们顶着严寒和风沙，吃住在工地，坚守工作岗位，确保新校区建设顺利推进。现在的新校区，走在宽敞明亮的道路上，两边的建筑楼群更体现了农大的厚重文化。农大新区的每一点都体现了文化精神，每一处都焕发着教育特色。随着时间推移，龙子湖校区这个物华天宝之地，在社会各界的支持下，在学校领导的带领下，各种设施设备日趋完善，呈现出新的风貌与特色。

第六节　启发感悟

一、实践起源

在今年暑期，很荣幸参与了河南农业大学重走抗战办学路的暑期社会实践，我们与烟草学院的伙伴们在这期间里里一起进步，一起成长，同时也更加促进了我们的友谊。我们一起追寻河南农业大学的发展历程，一步步地走进她，了解当初的几代师生所倾注的心血，了解在那个动荡的年代办学与求学的不易与艰辛。在短短一周多的时间里我们感悟良多，收获颇丰。

二、实践历程

在重走办学路的社会实践活动过程中，我们参观了校史馆，校史馆王清雅老师热情地给我们讲解了学校的抗战办学史，当我们看着那一张张学校流亡办学的照片，看着一个当初的小草堂到如今拥有 3 个校区的大学，听着王老师深情的讲述，使我们知道了办学的不易与艰辛，让我们知道现在优秀的学习资源是多么的来之不易。之后我们参观了郑州市档案馆，在档案馆工作人员的帮助下，了解许多有关我校龙子湖校区建设文件，更加详细了解龙子湖校区的建设历程，从当初的申请文件到审批文件，我们看见了学校为了给同学们能够提供一个好的学习环境所作出的努力。在郑州市图书馆的图书借阅室了解到我校现在的办学规模与所获得的科研成果，身为二年级的农大学子对学校的飞速发展感到骄傲。在电子阅览室与地方文献馆了解了许多学校以前的办学历史，重新浏览以前的校刊校报，对农大的办学精神与办学理念有了新的理解与感悟。在龙子湖校区，我们对龙子湖校区内的工作人员进行了访谈，他们有的工作不久，有的工作多年，亲手迎接了一批批的学生，他们给队员们讲述了几年来农大新校区的重大变化，从当初拆迁前的一无所有、荒寂凄凉到如今的处处散发着大学象牙塔所具有的朝气与活力的欧式校园。末了，队员们还对居住区的老教师们进行了交流。学校的发展，人事的变迁，都一幕幕地展现在了我们面前，使我们对学校的办学经历有了更加丰富的了解。活动最后阶段我们有幸请到了我校著名教授刘波涛老先生，刘教授的一生都奉献给了河南农业大学，是学校办学路上的见证者。刘教授向我们耐心讲述了自己从 1960 年分配到河南农学院到如今河南农业大学的历史。

三、实践感悟

在此次实践中，我们了解到了我校的发展史、搬迁史，以及如何在风云飘摇的年代，河南农大屹立不倒并且愈发的坚韧强大。在此次工作中，我们也有了很多感悟。

一是责任感。每一个社会实践团队都应该是由一个个负责任的队员组成的，正因为责任感，在实践工作中，我们每个人都积极地参与其中，不怕问题解决问题，都在团队中起着不可替代的重要作用。一个人的热情能让他参与到其中，但是只有责任感才能让我们每一个队员真正地融入这次实践活动中。

二是团队精神。每一个社会实践的活动都不是一个人可以完成的，团队之间的相互扶持，头脑风暴，分工合作，是我们团队能做有所成劳有所获的重要动力。尤其是对河南省博物馆、郑州市史志馆以及河南省图书馆的拜访过程中，时间紧任务重，我们团队互相合作，分工明确，经过缜密的商讨之后，果断行动，在最短的时间内收获最好的成果。所以，团队精神在我的实践团队中是不可或缺的存在，也是我们顺利完成实践任务的重要保障。

三是工作要有计划性。在我们的工作过程中，时时刻刻都保持着制订计划的习惯，有了合理计划的引导，我们的实践工作从来不会显得杂乱无章。本次社会实践中，我们从第一天开始，就制定了日计划，把时间安排妥当。这次社会实践也让我更加确信了，人生只有不断的挑战才能进步，只有不断的探索才能在繁杂的人群中脱颖而出，才能在这个人世间留下属于自己的精彩，所以要不断地挑战。这次追溯校史就是之前我从没有接触过的。在新的挑战中，我们会得到很多珍贵的东西。社会实践锻炼了我们，也培养了我们，通过这次社会实践，我们在各方面都有了提高，已不再是光会学习，不接触社会的雏鸟！

四、实践启示

当我们一页一页地翻开报纸期刊、史志文献，文字带我们仿佛回到了那个风雨飘摇的抗战时期，看学校在那艰难的抗战时期举步维艰地行进着。物资匮乏，枪声不断，信念支撑教书育人的理想；食不果腹、衣不避寒，精神开辟探索知识的道路；颠沛流离、居无定所，意志庇护琅琅读书的空间。危机四伏，前路坎坷，农大人永不退缩！在翻看资料记载时，那承载着历史份量的文字慢慢进入我们心中，定址、迁校、重回郑州、一步步发展，刻在农大发展历程上的是农大人的坚持与奋斗。

科教兴国为己任，振兴中华担在肩。责任傍身，重担在肩，河南农业大学已走过百年。回首间，高峰低谷处，有的是数代农大人呕心沥血，艰苦奋斗。低谷处的拼搏，明德自强表现得淋漓尽致。高峰处的攀登，求是力行自是牢记心间。抗战时期的苦磨砺农大人的魂，变迁跌宕的难锻造农大人的魄，百年的风雨洗礼下，"弘农爱国、厚德质朴、求真创新、包容奋进"的农大精神代代传承，那投身农业，扎根农村，帮助农民的初心始终不变。

怀着敬畏之心，我们重走办学之路，随着对农大坎坷办学史的深入了解，内心也是愈加自豪，也愈加热爱我们的河南农业大学！重走之路让我们看到，在最困难的时期，农大人没有放弃，那是一种在困境中的坚持，是对知识和责任的坚守。正是因为农大人的坚守与执著，才为今天的我们提供了收获知识、才干、理想的机会，这些沉甸甸的恩情亦是责任，在我们这一代农大人身上打下了深深的烙印，唯愿每一代农大人坚忍前行，不负所望，怀揣理想，勇敢追求。

第七节　建　议

通过这次重走河南农业大学抗战办学路，深刻体会到前辈的艰辛和不易，反省学习期间的懈怠与懒惰，更加热爱、尊重学校，这使我们意识到历史的重要性。为此，我们建议学校组织多种活动了解学校的历史与荣誉，通过宣传片或报告会等多种形式让同学们更加了解热爱自己学校。不忘初心，砥砺前行。

在此希望每位农大学子都要了解校史，尊重校史，在新时代优越的学习和生活环境中，不忘初心，把握当下，砥砺前行，用激情和热血点燃荣校爱校之心，坚定顽强拼搏的意志和决心，在实现自己的梦想，荣耀我们的学校，建设祖国的道路上勇往直前！